Müller/Braun
Selbstführung

Aus dem Programm Verlag Hans Huber
Wirtschaftspsychologie in Anwendung

Im Verlag Hans Huber sind weiterhin erschienen – eine Auswahl:

Eva Bamberg / Christine Gabriele Busch
Antje Ducki
Stress- und Ressourcenmanagement
Strategien und Methoden für die neue
Arbeitswelt

Eva Bamberg / Jan Dettmers
Claudia Marggraf-Micheel
Saskia Stremming
**Innovationen in Organisationen –
der Kunde als König?**

Stefanie Heizmann
**Outplacement. Die Praxis der
integrierten Beratung**

Hans-Uwe Hohner
Laufbahnberatung
Wege zur erfolgreichen Berufs- und
Lebensgestaltung

Klaus Moser
Commitment in Organisationen

Sabine Remdisch
Erfolgsfaktor Feedback

Martin Resch
Analyse psychischer Belastung
Verfahren und ihre Anwendung
im Arbeits- und Gesundheitsschutz

Florian Sarodnick / Henning Brau
Methoden der Usability Evaluation
Wissenschaftliche Grundlagen und
praktische Anwendung

Frauke Teegen
**Posttraumatische Belastungsstörungen
bei gefährdeten Berufsgruppen**
Prävalenz – Prävention – Behandlung

Weitere Informationen über unsere Neuerscheinungen finden Sie im Internet unter www.verlag-hanshuber.com.

Günter F. Müller

Walter Braun

Selbstführung

**Wege zu einem erfolgreichen und erfüllten
Berufs- und Arbeitsleben**

Verlag Hans Huber

Adressen der Autoren:

Prof. Dr. Günter F. Müller
Universität Koblenz-Landau
Campus Landau
Fachbereich Psychologie
Fortstraße 7
DE-76829 Landau

fmueller@uni-landau.de

Dipl.-Psych. Walter Braun
SYSTEM-MANAGEMENT
Braun, Rasche + Partner GmbH
Rheinlandstraße 5
DE-42579 Heiligenhaus

info@system-management.com

Lektorat: Monika Eginger, Susann Seinig
Herstellung: Javier Moreno
Umschlag: Atelier Mühlberg, Basel
Druckvorstufe: Ursi Anna Aeschbacher, Biel/Bienne
Druck und buchbinderische Verarbeitung: AZ Druck und Datentechnik, Kempten
Printed in Germany

Bibliographische Information der Deutschen Bibliothek
Die Deutsche Bibliothek verzeichnet diese Publikation in der Deutschen Nationalbibliographie; detaillierte bibliographische Daten sind im Internet unter http://dnb.d-nb.de abrufbar.

Anregungen und Zuschriften bitte an:
Verlag Hans Huber
Länggass-Strasse 76
CH-3000 Bern 9
Tel: 0041 (0)31 300 4500
Fax: 0041 (0)31 300 4593

1. Auflage 2009
© 2009 by Verlag Hans Huber, Hogrefe AG, Bern

ISBN 978-3-456-84683-5

«Ich glaube nicht an die Verhältnisse. Diejenigen, die in der Welt vorankommen, gehen und suchen sich die Verhältnisse, die sie wollen, und wenn sie sie nicht finden, schaffen sie sie selbst.»

Georg Bernard Shaw zugeschrieben

Inhaltsverzeichnis

Vorwort

Worauf Selbstführung (unter anderem) abzielt, bringt Mark Twain auf den Punkt, wenn er sagt: «Je mehr Vergnügen du an deiner Arbeit hast, desto besser wird sie bezahlt». Hier wird «Bezahlung» nicht im Sinne von Entlohnung verstanden, die man im Rahmen eines Beschäftigungsverhältnisses von einem Arbeitsgeber erhält und die, psychologisch gesprochen, eine extrinsische Belohnung für zu erbringende Arbeitsleistungen darstellt, sondern – und darin besteht der tiefere Sinn des Aphorimus – im Sinne eines Gradmessers für positives Erleben bei der Arbeit oder, psychologisch gesprochen, für den intrinischen Belohnungswert der eigenen Tätigkeit.

Die besten Voraussetzungen, erfolgreich mit beruflichen Herausforderungen umzugehen, liegen im Menschen selbst. Zu wissen, welche Ressourcen man besitzt und wie man sie entwickeln und einsetzen kann, ermöglicht, das Machbare im Berufsleben aus eigener Initiative und ohne Illusionen oder fragwürdige Motivations und Erfolgsgurus schaffen zu können. Die noch weitgehend unterschätzte Kraft innerer Bilder, Gedanken und Motive vermag Energien zu bündeln, Widerstände zu überwinden und Leistungen zu steigern. Belege dafür lassen sich im Hochleistungssport finden, ebenso in der Psychotherapie oder im Coaching. Oft sind es unbewusste Wertvorstellungen, Überzeugungen und Bedürfnisse, die über den Umgang mit sich selbst und mit Anforderungen des Umfelds entscheiden. Davon handelt dieses Buch. Es handelt von Selbstführung, von Besonderheiten dieses Phänomens und von Möglichkeiten, die ein reflektierter Umgang mit sich selbst zu bieten vermag. Es geht um die Frage, wie sich Menschen selbst beeinflussen können, um Freude und Zufriedenheit bei ihrer Tätigkeit zu erleben, und welche Strategien und Methoden ihnen zur Verfügung stehen, um eigene Bedürfnisse befriedigen und selbstgesetzte Berufs- und Arbeitsziele realisieren zu können. In diesen Punkten reicht Selbstführung über Selbstmanagement hinaus, das primär an vorgegebenen Zielen orientiert ist und selbstbestimmtes Handeln weitgehend operativ und instrumentell versteht. Selbstführung hingegen impliziert eine Ausrichtung an eigenen Visionen, Präferenzen und Perspektiven. Die Macht des Strebens nach einem eigenen Lebensentwurf beschreibt der amerikanische Dichter und Philosoph Henry David Thoreau treffend in seinen Erfahrungen mit einem Selbstfindungsprojekt abseits der Zivilisation: «Das eine wenigstens lernte ich durch mein Experiment, dass, wenn der Mensch vertrauensvoll in der Richtung seiner Träume fortschreitet, wenn er sich bemüht, das Leben zu leben, welches die Fantasie ihm ausmalte, Erfolge von ihm erzielt werden können, von denen er sich in Alltagsstunden nichts träumen ließ».

Studien belegen, dass Selbstführung von zahlreichen positiven Effekten begleitet wird, zu denen Optimismus und Zufriedenheit, Stressresistenz und Gesundheit sowie Leistungsbereitschaft und Eigeninitiative gehören. Dennoch wird Selbstführung im Berufs- und Arbeitsleben bislang noch wenig gefördert und entsprechend selten genutzt. Die Gründe dafür sind vielfältig und nicht selten liegen ihnen widerstreitende Interessen zugrunde. Vorgesetzte schätzen motivierte, engagierte und zufriedene Mitarbeiter. Andererseits möchten sie Macht, Einfluss und Kontrolle ausüben, so dass sie Strukturen und Arbeitsbedingungen schaffen, die Eigeninitiative und selbstgeführtes Verhalten verhindern. Aber auch auf individueller Ebene sind ambivalente Verhältnisse anzutreffen. Selbstführung kann nicht nur von der Last selbsterzeugter Fallstricke befreien, Arbeitsfreude vermitteln und zu herausragenden Leistungen motivieren. Sie kann auch auf innere Widerstände stoßen und psychische Konflikt auslösen, wenn vertraute Verhaltensweisen aufgegeben, Einstellungen verändert oder Denkweisen angepasst werden müssten.

Dieses Buch haben wir geschrieben, um der Vielzahl der im Markt befindlichen Rezeptbücher à la «Glaub an dich, du schaffst es» ein wissenschaftlich und Praxis begründetes Modell entgegen zu setzen, das die Prozesse der Ressourcennutzung interdisziplinär betrachtet. Dazu integrieren wir Befunde der angewandten und Grundlagenforschung zu einem ganzheitlichen Modell der Selbstführung und zeigen, mit welchen Strategien und mit welchen Methoden die Potenziale von Menschen zur Entfaltung kommen können. Selbstführung betrachten wir als Verhaltensmerkmal, das diagnostiziert, trainiert und durch Organisations- und Führungsgestaltung beeinflusst werden kann. An Konzepten und Praxisbeispielen zeigen wir hierfür Möglichkeiten auf.

Wir möchten mit diesem Buch aufklären, sensibilisieren und Mut machen, Verantwortung für eine individuelle und sozial annehmbare Gestaltung des Berufs- und Arbeitslebens zu übernehmen.

Landau und Heiligenhaus im September 2008   Günter F. Müller
                                                        und Walter Braun

1 Konzept

Selbstführung ist ein Prozess, der sich primär *in* Personen abspielt. Personen führen sich selbst, indem sie, von für sie bedeutsamen Visionen und Zielvorstellungen geleitet, eine befriedigende individuelle und soziale Identität entwickeln möchten. Geführt werden «innere Mitarbeiter», bei denen es sich um psychische Potenziale und Ressourcen handelt, die bewusst aktiviert und absichtsvoll genutzt werden, um selbst gesetzte Ziele häufiger, schneller und mit besseren Ergebnissen erreichen zu können. Obwohl Selbstführung in allen Lebensbereichen hilfreich und nützlich sein kann, stehen in diesem Buch Wege zu einem erfüllten Berufs- und Arbeitsleben im Vordergrund.

1.1
Psychische Ebenen von Selbstführung

In einer bei Müller (2007) vorgeschlagenen Systematik lässt sich Selbstführung auf drei Ebenen des psychischen Geschehens lokalisieren (siehe Abb. 1).

Reflektiert
Bewusste Aktivierung, Steuerung und Kontrolle psychischer Prozesse

Intuitiv
Erfahrungsgeleitete Denk- und Handlungsmuster

Latent
Autonome und automatisierte psychische Vorgänge

Abbildung 1: Ebenen der Selbstführung

Latente Selbstführung sichert die Aufrechterhaltung von Vitalfunktionen und Ausführung automatisierter psychischer Vorgänge, eingeschliffener Reaktionsweisen und stark habitualisierter Denk- oder Verhaltensweisen. Auch wirkt sie aus unbewussten Teilen des Erfahrungsgedächtnisses heraus, in dem emotional verankerte Sinneseindrücke und deren Verbindungen mit individuellen Handlungsimpulsen gespeichert sind. Obwohl latente Selbstführung keiner bewussten Aktivierung und Steuerung bedarf, können ihre *Wirkungen* wahrnehmbar sein und als solche in den Fokus bewusster Aufmerksamkeit gelangen. Mitunter stoßen sie Selbstführung auf höheren Ebenen des psychischen Geschehens an, zum Beispiel dann, wenn sich Denk- oder Verhaltensgewohnheiten nicht als zieldienlich erweisen oder spontane Gefühlsreaktionen die Realisierung von Wünschen oder Absichten verhindern.

Intuitive Selbstführung resultiert aus Lernprozessen, die weitgehend auf Versuch und Irrtum basieren. Ihre Grundlage sind Erfahrungen, die Personen mit dem Einsatz psychischer Potenziale und Ressourcen gemacht haben oder sammeln, wenn sie attraktive Zielvorstellungen entwickeln, sich motivieren und in leistungsförderliche Stimmung versetzen, eine konstruktive Denkhaltung einnehmen oder viel versprechende Handlungen planen und ausführen. Intuitiv kann diese Art der Selbstführung bezeichnet werden, weil Personen zwar wissen, *dass* sie mit einem bestimmten Vorgehen wünschenswerte Ergebnisse erzielen, sich jedoch nicht oder allenfalls auf Grundlage naiv-psychologischer Vorstellungen im klaren sind, *weshalb* sie mit dem jeweiligen Vorgehen Erfolg haben.

Bei *reflektierter* Selbstführung kennen Personen die Funktions- und Wirkungsweisen psychischer Prozesse, so dass sie diese Kenntnisse gezielt zur Kontrolle und Steuerung ihres Denkens, Wollens, Fühlens und Handelns einsetzen können. Reflektiert ist die Selbstführung auch deshalb, weil sie auf einer umfassenden und differenzierten Selbstwahrnehmung beruht. Ein Zugang zu reflektierter Selbstführung wird durch den Erwerb von Wissen über Gesetzmäßigkeiten psychologischer Funktions- und Wirkungsweisen eröffnet. Ein anderer durch die überlegte Anwendung dieses Wissens, eigenes Erleben und Verhalten gezielt beeinflussen und psychische Potenziale umfassend ausschöpfen zu können. Einen dritten Zugang ermöglichen meta-kognitive Reflexionen, die der Evaluation und Erweiterung selbstführungsrelevanten Wissens dienen.

1.2
Menschenbild

Dem Konzept der Selbstführung liegt ein Menschenbild zugrunde, dessen Besonderheiten im Begriff des(der) *self organizing (wo)man* zusammengefasst werden können (Müller, 1988/89). Dieses Menschenbild erweitert verschiedene Grundannahmen über die Natur des arbeitenden Menschen, die die Ausrichtung der Arbeits- und Organisationspsychologie während des vergangenen Jahrhunderts entscheidend mit bestimmt haben (Schein, 1965). Galt der arbeitende Mensch um 1900 herum noch als unambitioniert und von Bedürfnissen nach materieller Existenzsicherung geleitet (*economic man*), wurden später zunächst seine sozialen (*social man*) und danach seine individuellen Bedürfnisse (*self actualizing man*) entdeckt. Eine weitere Ausdifferenzierung war der *complex man*, der vielfältige Bedürfnisse, Kompetenzen und Fähigkeiten besitzt und bestrebt ist, diese beruflich einsetzen und weiter entwickeln zu können. Die Arbeitswelt des beginnenden 21. Jahrhunderts stellt den Menschen jedoch zunehmend vor Anforderungen, sein berufliches Leben selbst organisieren zu müssen. Von ihm wird nicht nur eine breite fachliche Qualifikation, sondern auch die Fähigkeit und Bereitschaft abverlangt,

- Initiative zu entwickeln,
- Verantwortung zu übernehmen,
- flexibel und mobil zu sein,
- berufliche Entscheidungen in eigener Regie zu treffen,
- unternehmerisch zu denken und
- konstruktiv mit beruflichen Brüchen und Krisen umzugehen.

Selbstführung kann als eine Kernkompetenz des(der) *self organizing (wo)man* betrachtet werden. Sie verbessert die Nutzung und Entwicklung psychischer Ressourcen und Potenziale, so dass berufliche Ziele, Aufgaben und Tätigkeiten mehr als bisher auch zur Selbstverwirklichung im Arbeitsleben beizutragen vermögen (vgl. Müller, 2003).

1.3
Selbstkonzept

Selbstführung wird durch Prozesse im Selbstkonzept von Personen angestoßen. Zumeist resultiert sie aus wahrgenommenen Diskrepanzen zwischen dem aktuellen SELBST, den Vorstellungen eines realitätsnahen Bilds der eigenen Person auf der einen Seite, und dem idealen SELBST, den Vorstellungen eines attraktiveren Wunschbilds der eigenen Person auf der anderen Seite. Von der Wahrnehmung solcher Diskrepanzen zwischen Wunsch und Wirklichkeit gehen aktivierende Wirkungen aus. Sie werden als unangenehme Spannungszustände erlebt, und Personen sind daher bestrebt, diese zu reduzieren. Dabei können sich Personen entweder am aktuellen oder am idealen SELBST orientieren. Im ersten Fall widerstehen sie den Verlockungen eines zwar erstrebenswerten, gleichzeitig aber auch unsicherheitsbehafteten Wunschbilds und versuchen stattdessen, den Status-quo ihres Selbstkonzepts beizubehalten («Selbstschutz»). Im zweiten Fall sind sie bestrebt, den Status-quo zu verändern und einem attraktiveren, neuen Selbstbild näher zu kommen («Selbstentwicklung»). Psychologische Untersuchungen zeigen immer wieder, dass Personen bei wahrgenommenen SELBST-Diskrepanzen häufiger mit Selbstschutz als mit Selbstentwicklung reagieren (vgl. Aronson, Wilson & Akert, 2007). Selbstschutz bei der wahrgenommenen Bedrohung eigener Fähigkeiten kann z. B. darin bestehen, dass Schuldige für Misserfolge gesucht oder eigene Leistungen schön geredet werden. Auch andere «Notfallreaktionen» wie Planungswut, Offensivdrang oder Aktionismus sind als Strategien beobachtet worden, die das Selbstkonzept stabilisieren (Strohschneider, 2002). Das Zutrauen in eigene Fähigkeiten wird durch das Gefühl, gehandelt zu haben, gestärkt und als Kompetenzerleben psychologisch verbucht. Wunsch und Wirklichkeit sind wiederum im Einklang, Bedürfnisse nach Kontrolle über die Situation zufriedengestellt und Selbstwirksamkeitsüberzeugungen gestärkt. Selbstentwicklung ist oft der anstrengendere und aufwändigere Weg. Personen müssen eine selbstkritische Haltung einnehmen und zu Veränderungen bereit sein. Dazu kann es erforderlich werden, neues Wissen zu erwerben, Kompetenzen zu schulen, alte Denkgewohnheiten aufzugeben, Verhaltensweisen anzupassen oder Einstellungen zu hinterfragen.

Selbstführung lässt sich einsetzen, um das eigene SELBST wirkungsvoller abzuschirmen und vor äußeren Bedrohungen zu schützen. Sie unterstützt Personen aber auch, wenn sie etwas für die Ausdifferenzierung und Bereicherung ihres SELBST tun möchten. Im zweiten Fall fällt es Personen leichter, Anstrengungen zu bewältigen, die mit der Verfolgung anspruchsvoller Berufsziele verbunden sind. Durch Selbstführung können psychische Handlungsbarrieren überwunden werden, so dass Vorhaben, etwas Neues beginnen zu wollen, eine größere Realisierungschance besitzen. Selbstführung gibt Personen Strategien an die Hand, die zu einem wirkungsvolleren Umgang mit äußeren und inneren Widerständen befähigen. Sie hilft Personen dabei, eigene Potenziale zu entdecken und auszuschöpfen, und kann zur lebenslangen Begleiterin eines abwechslungsreichen und befriedigenden Arbeitslebens werden (Müller, 2001)

1.4
Selbstbestimmte Ziele und intrinsische Zielanreize

Kennzeichnend für Selbst*führung* ist, dass Berufs- und Arbeitsziele in substanziellem Umfang *intrinsische* Anreize für Personen besitzen (vgl. Ryan & Deci, 2000). Dies unterscheidet Selbstführung u. a. von Zeit- und Selbstmanagement, bei dem Ziele eher fremdbestimmt und vorgegeben sind und Freiheitsgrade des Handelns auf die Wahl von Strategien einer möglichst effizienten Zielerreichung beschränkt bleiben (vgl. Markham & Markham, 1995). Domänen von und Beziehungen zwischen Zeitmanagement, Selbstmanagement, Selbstführung und Selbstentwicklung sind in **Abbildung 2** graphisch dargestellt. Selbstführung umfasst Zeit- und Selbstmanagement, reicht durch eine selbstbestimmte Zielfindung jedoch über den Gegenstandsbereich dieser beiden Konzepte hinaus. Selbstentwicklung besitzt die größte Domäne, weil sie neben kurz- und mittelfristigen Zielen auch längerfristige berufliche Veränderungen beinhaltet, die Auswirkungen auf die gesamte Persönlichkeit des Einzelnen haben.

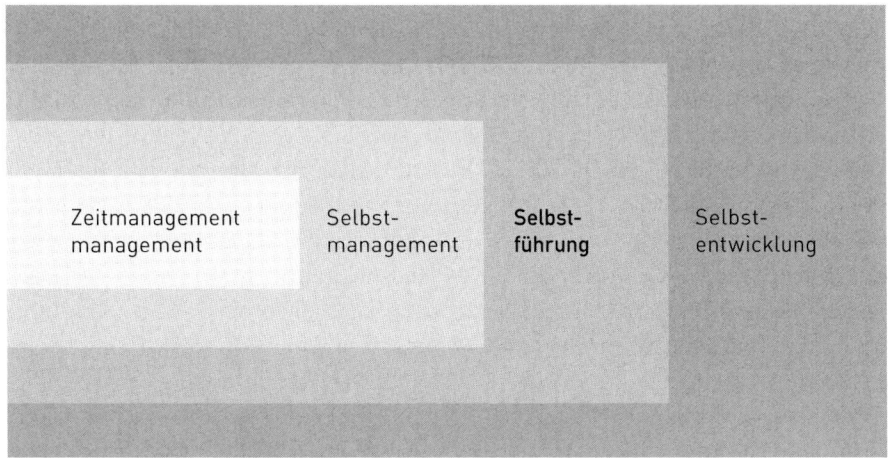

Abbildung 2: Domänen und Gegenstandsbereiche von Selbstführung

Personen, die sich selbst führen, definieren ihre Berufs- und Tätigkeitsziele in eigener Regie und identifizieren sich sehr stark mit ihnen. Sie verfolgen diese Ziele mit großem Engagement und hoher Ich-Beteiligung. Arbeitshandlungen, die eine Zielerreichung ermöglichen, vermitteln ihnen Gefühle von Selbstwirksamkeit und werden selbstkongruent erlebt. Zielführende Verhaltensweisen wirken in diesem Fall wie «natürliche» Verstärker, die berufliche Tätigkeiten per se interessant, ansprechend und herausfordernd erscheinen lassen. Nicht selten werden sie auch so empfunden, dass Personen meinen, in ihnen «aufgehen» zu können (vgl. Csikszentmihalyi, 1992). Eine Mobilisierung von Willenskräften entfällt, da sich das Denken, Fühlen und Handeln in Übereinstimmung mit eigenen Zielen und den damit verbundenen Aufgaben befindet. Willenskräfte würden erst mobilisiert werden müssen, wenn intrinsisch motivierte Ziele und Tätigkeiten im beruflichen Bereich negative Konsequenzen in anderen Lebensbereichen nach sich ziehen würden. Personen etwa, die ihr soziales oder familiäres Leben beruflichen Prioritäten unterordnen, sind gezwungen, Willenskräfte zu mobilisieren, wenn sie sich in stärkerem Umfang außerberuflich engagieren möchten. Um beide Bereiche zu harmonisieren, kann Selbstführung nützlich sein und Personen dabei unterstützen, ihre Werte und Einstellungen zu überdenken, Selbstmotivierungsprozesse in Gang zu setzen, Verlockungen des Berufslebens zu widerstehen und bisherige Arbeitsroutinen zu durchbrechen.

1.5
Äußere und innere Barrieren

Selbstführung zeichnet sich dadurch aus, dass Personen die Initiative ergreifen und ihr Denken und Handeln von selbst gesetzten Zielen leiten lassen. Wie erfolgreich Selbstführung ist, hängt gleichwohl nicht nur von der Qualität individueller Aktivierungs- und Steuerungsleistungen, sondern auch davon ab, wie die Bedingungen des jeweiligen *Umfelds* beschaffen sind, in dem Personen tätig sind. Selbstführung ist ein dynamischer Prozess, bei dem sich handlungsbegleitend stets neue personen-interne und -externe Anpassungserfordernisse ergeben können. Je nachdem, ob sich Personen in einem eher «starken» oder eher «schwachen» Umfeld aufhalten, kann das Verhältnis von Selbstführung zu Fremdführung variieren (siehe Abb. 3).

Ein *starkes* Arbeitsumfeld ist oder erscheint in hohem Ausmaß strukturiert, reglementiert, hierarchisch gegliedert und Einfluss ausübend. Äußere Abläufe, Vorgaben, Erwartungen, Normen oder Zwänge bestimmen weitgehend, wann

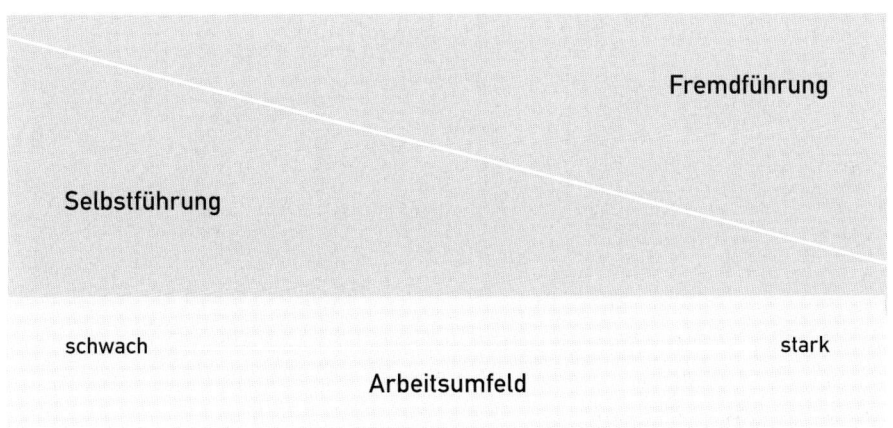

Abbildung 3: Anteil von Selbst- und Fremdführung bei variierender Stärke des Arbeitsumfelds

was auf welche Weise getan werden muss. Die von einem entsprechenden Umfeld ausgehenden Wirkungen engen die individuellen Entfaltungsmöglichkeiten ein, so dass das Verhalten von Personen weitgehend fremdbestimmt wird. Eine *outer centered reality* konfrontiert mit Anforderungen, die primär von funktionalen Besonderheiten, Arbeitsbeschreibungen, Führungsdirektiven und Organisationszielen bestimmt werden und daher nicht notwendig Ausdruck individueller Präferenzen und Bedürfnisse sein müssen (Giardina, 2002). Ein *schwaches* Arbeitsumfeld ist oder erscheint demgegenüber offener, unstrukturierter und weniger reglementiert. Äußere Gegebenheiten sind weniger restriktiv, Erwartungen weniger explizit und verbindlich. Ein schwaches Arbeitsumfeld besitzt mehr individuelle Ausgestaltungsspielräume. Es ermöglicht Personen deshalb auch, sich in größerem Umfang selbst zu führen. Tätigkeiten und Arbeitshandlungen sind Ausdruck einer *inner centered reality*, die sich ebenfalls in der jeweiligen Umfeldgestaltung wiederspiegelt (Giardina, 2002). Ein starkes Umfeld beeinflusst Person (P) und Persönlichkeit, ein schwaches Umfeld kann durch die Persönlichkeit des Einzelnen beeinflusst und gestaltet werden (siehe Abb. 4).

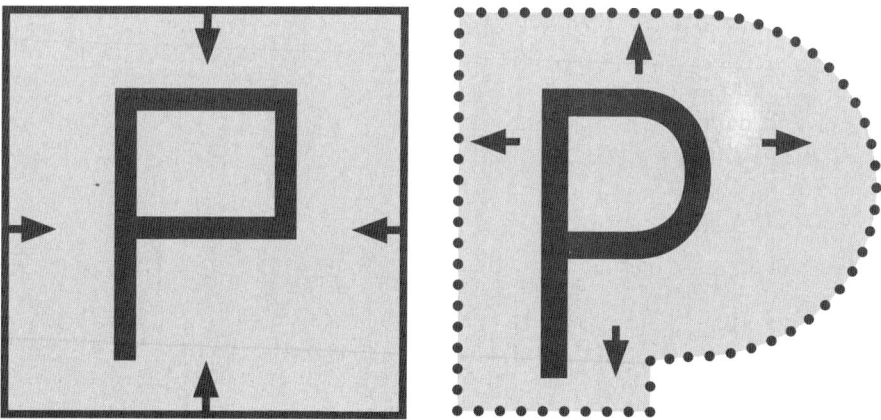

Abbildung 4: Die Persönlichkeit im Kontext eines starken und schwachen Arbeitsumfelds

In der psychologischen Forschung sind Einflüsse der Persönlichkeit von Führungskräften lange Zeit unterschätzt worden (vgl. v. Rosenstiel, 1999). Dabei hat die Forschung außer Acht gelassen, dass in Organisationen oft unter Bedingungen geführt werden muss, die denen eines starken Umfelds vergleichbar sind. Führungskräfte können in ihren Möglichkeiten, sich selbst zu verwirklichen, objektiv eingeschränkt sein, wenn die Anforderungen zentralisierter, stark funktionsteiliger und rigider Organisationsstrukturen nur bedingt mit ihrer *inner centered reality* in Einklang zu bringen sind. Fallen strukturelle Zwänge weniger stark ins Gewicht, wie dies etwa in Führungspositionen mit unternehmerischer Verantwortung der Fall sein kann, lässt sich zeigen, dass deutlich größere Einflüsse der Persönlichkeit von Führungskräften nachweisbar sind (vgl. Müller, Garrecht, Pikal & Reedwisch, 2002).

Aber auch Zwänge *in* Personen können verhindern, dass vorhandene Talente und Möglichkeiten ausgeschöpft und Tätigkeitsspielräume erkannt und ausgenutzt werden. Nach Bekman (2003) werden Personen schon sehr früh zu einem Leben erzogen, in dem die Erfüllung äußerer Anforderungen (Elternwünsche, Unterrichtspläne, Leistungsnormen, Dienstpflichten) Priorität besitzt. Durch eine entsprechende Sozialisation wird gelernt, die weitgehende Fremdbestimmung des eigenen Denkens und Handelns zu akzeptieren. Obwohl Routinen und Gewohnheiten, die sich auf dieser Grundlage herausbilden, individuellen Fähigkeiten, Bedürfnissen und Zielen zuwider laufen mögen, können diese schließlich als «gefordertes SELBST» (Higgins, 1999) einen gewichtigen Teil der Identität von Personen repräsentieren. Hemmende Einflüsse des geforderten SELBST zu überwinden, gelingt oft erst dann, wenn Personen bereit sind, sich mit diesem Teil ihrer Identität kritisch auseinanderzusetzen und innere Transparenz über förderliche und hinderliche Begleiterscheinungen von Erwartungen herzustellen, die aus dem sozialen Umfeld übernommen worden sind.

1.6
Selbstführung als wechselseitige Anpassung

Selbstführung entfaltet sich im Spannungsfeld komplexer Wechselbeziehungen, die eine erfolgreiche Vermittlung zwischen personeninternen Prozessen einerseits und Einflüssen personenexterner Gegebenheiten andererseits erforderlich machen.

Selbstführung kommt zum Tragen, wenn die Wahrnehmung und Einschätzung konkreter Arbeitsbedingungen nicht oder nur partiell mit selbst gesetzten Zielen übereinstimmen. Personen müssen in diesem Fall Willenskräfte mobilisieren, um innere und äußere Widerstände überwinden und die betreffenden Ziele erreichen zu können. Besonders deutlich wird dies bei der Veränderung eingeschliffener Verhaltensroutinen und Gewohnheiten, die sich oft nur mit großer Willensanstrengung in neue Verhaltenweisen überführen lassen. Die hierfür notwendigen Lern- und Anpassungsleistungen werden von Selbstführungsforschern im Rahmen der sozial-kognitiven Lerntheorie von Bandura (1986) beschrieben (vgl. Manz, 1986; Neck & Manz, 2007). Zu den Grundannahmen dieser Theorie gehört, dass Personen ihr Verhalten sowohl zielgerichtet als auch selbst bewertend regulieren. Dabei wird zwischen einer spannungserzeugenden und einer spannungsreduzierenden Verhaltensregulierung unterschieden. Bandura und Locke (2003) gehen davon aus, dass Personen durch individuelle Zielsetzung eine psychische Spannung aufbauen und diese Spannung sodann reduzieren, indem sie daran arbeiten, selbst gesetzten Zielen näher zu kommen. Zur Planung und Ausführung ihres Verhaltens müssen sie die aktuelle Nähe zum Ziel und den Erfolg bisheriger Anstrengungen beobachten und bewerten. Auf der Basis von Selbstbeobachtung und Selbstbewertung erfolgen sodann Entscheidungen, ob das bisherige Vorgehen zieldienlich gewesen ist und fortgesetzt werden kann oder ob Kurskorrekturen erforderlich sind, etwa durch Wahl einer neuen Handlungsstrategie, durch Anpassung bisheriger Verhaltensweisen oder Veränderung ursprünglicher Zielvorstellungen. Lernen ist nach Bandura (1986) ein Prozess der aktiven, kognitiv gesteuerten Verarbeitung von Erfahrungen, die in der Auseinandersetzung mit Anforderungen selbst gesetzter Ziele, eigener Verhaltensmöglichkeiten und Gegebenheiten des physischen und sozialen Umfelds gesammelt werden.

Aus Erfahrungen, sich erfolgreich mit Ansprüchen, Anforderungen und Umfeldgegebenheiten auseinander setzen zu können, resultieren *Selbstwirksamkeitsüberzeugungen*, die als «beliefs in one's capabilities to organize and execute the courses of action required to produce given attainments» definiert werden (Bandura, 1997, S. 3). Bandura vermutet, dass Personen mit starken Selbstwirksamkeitsüberzeugungen nach herausfordernden Leistungszielen suchen und bei der Realisierung solcher Leistungsziele auch durch auftauchende Schwierigkeiten nicht entmutigt werden. Diese Vermutung ist empirisch umfassend erhärtet (Bandura & Locke, 2003). Ebenfalls bestätigt ist, dass Selbstführung dazu beiträgt, Selbstwirksamkeitsüberzeugungen leistungsrelevant werden zu lassen (Prussia, Anderson und Manz, 1998).

1.7
Selbstführung als Problembewältigung

Selbstführung impliziert, dass Personen fähig und in der Lage sind, einen unerwünschten Ausgangszustand in einen erwünschten Endzustand zu überführen. Sich selbst führende Personen möchten das eigene Verhalten oder die Situation, in der sie sich befinden, verändern. Hierfür benötigen sie ein gewisses Ausmaß an Problemlösekompetenz. Absichten, Pläne oder Selbstwirksamkeitsüberzeugungen allein reichen zumeist nicht aus, selbst gesetzte Ziele zu erreichen und dies umso weniger, je komplexer die mit einer Zielrealisierung verbundenen Probleme sind (Dörner, 1998). Handeln in komplexen Problemsituationen ist ohne hinreichendes Inhalts- und Prozesswissen besonders fehleranfällig. Das kognitive System arbeitet unter wechselnden Spannungszuständen, die bei Misserfolgen zumeist länger erhalten bleiben. Hier treten sodann typische Überforderungssymptome auf, die von Dörner (1998) als «Reparaturdienstverhalten» bezeichnet werden: Die Person fixiert sich auf die nächstliegenden Aktivitäten, vernachlässigt eine Hintergrundkontrolle ihrer Absichten, klebt hartnäckig an einmal eingeschlagenen Handlungsstrategien und neigt zum Aktionismus. Problemadäquatere Vorgehensweisen bestehen darin, mit der Durchführung konkreter Maßnahmen zu warten, stattdessen die eigenen Ziele zu präzisieren, wechselseitige Abhängigkeiten zwischen einzelnen Zielen auszuloten und sich Klarheit zu verschaffen, wie direkt beeinflussbar eine Zielerreichung ist. Von Zielen, die realistisch, verbindlich und herausfordernd sind, gehen motivierende Wirkungen aus. Problemadäquates Denken bestimmt die Aktivierung notwendiger psychischer Ressourcen und die Auswahl erfolgversprechender Maßnahmen und Verhaltensstrategien.

Im Rahmen eines Kompensationsmodells von Motivation und Volition (Kehr, 2005) hängen Bedeutung und Notwendigkeit problemlöserelevanter Strategien und Kompetenzen davon ab,

- welche unbewussten Beweggründe in Personen wirksam sind («implizite Motive»),

- welche Ziele sich Personen bewusst setzen («explizite Motive») und

- wie Personen die ihnen zur Verfügung stehenden Möglichkeiten einschätzen, allgemeine Bedürfnisregungen und/oder spezifische Absichten realisieren zu können («wahrgenommene Fähigkeiten»).

Eine Erweiterung des Repertoires an Problemlösestrategie und eine Verbesserung von Problemlösekompetenz ist dem Modell zufolge notwendig, wenn Personen erkennen, dass bei der Verwirklichung ihrer impliziten Bestrebungen und/oder expliziten Intentionen mit Schwierigkeiten und Hindernissen zu rechnen ist. Stimmen die latenten Beweggründe mit den bewussten Zielen überein, wäre eine rein intellektuelle Auseinandersetzung erforderlich, um auftauchende Schwierigkeiten zu bewältigen. Diesen Prozess können Strategien kognitiver Selbstführung unterstützen (s. u. *2.1.5*). Stimmen implizite und explizite Motive nicht überein, d.h. sind innere Vorbehalte gegen angestrebte Ziele spürbar oder lassen sich unspezifische Wünsche nicht hinreichend konkretisieren, müssen Personen zusätzlich Willenskräfte aktivieren, um auftauchende Schwierigkeiten zu meistern. Neben kognitiver Selbstführung wäre in diesem Fall zusätzlich volitionale Selbstführung von Vorteil, um eine effektive Problembewältigung zu erreichen (s. u. *2.1.4*).

Beispiel einer selbstgeführten Problembewältigung

Ein junger Architekt nimmt sich vor, die notorische Unordnung in seinem Heimbüro abzubauen. Sein erstes Ziel betrifft die Schreibtischordnung. Dazu imaginiert er mehrfach einen Arbeitstisch, der frei von Zeitschriften, einzelnen Blättern und verstreut liegenden Notizen ist. Gedanklich positioniert er abgearbeitete Vorgänge in Eingangs- und Ausgangskörbe in die linke und rechte Ecke des Tischs und stellte sich vor, ungehindert Telefon und Internet bedienen zu können. Mit den Wiederholungen dieser Bilder verbindet er Gefühle, die er mit inneren Dialogen wie «ich finde diesen Zustand herrlich!» oder «endlich, geschafft!» aktiviert und verstärkt. Als nächstes sensibilisierte er sich für berufliche Ziele, indem er diese benennt und präzisiert. So kann er anschaulich reflektieren, wie bestimmte Zielkriterien (z. B. «Planungsqualität», «Entscheidungskonsequenz», «Verlässlichkeit») ein Image als erfolgreicher Architekt konstituieren und was er selbst dazu beitragen kann, ein entsprechendes Ansehen zu erwerben. Durch Selbstreflektion wird der Zugang zu inneren Ressourcen geöffnet, die sich nunmehr aktivieren und zielbezogen einsetzen lassen. Eine gedankliche Verknüpfung von beruflichen «best-practice»-Vorstellungen mit dem persönlichen Veränderungsziel «ordentlicher Schreibtisch» unterstützt der Architekt mit bildhaften Erinnerungen an Situationen, in denen er Anerkennung und Wertschätzung von Kunden und Kollegen erfahren hat. Immer, wenn die Selbstmotivation nachzulassen droht, ruft er diese Erinnerungen ab und begleitet sie mit inneren Dialogen wie «…als ich den Baufortschritt beim letzten Projekt plangenau eingehalten habe, bin ich sehr stolz gewesen. Ich kann es also. Deshalb schaffe ich es auch hier.» oder «…es ist schwierig gewesen, die letzte Baugenehmigung durchzuboxen. Mit weniger Geduld und Konsequenz wäre das Projekt gescheitert. Ich habe also Durchhaltevermögen: Deshalb gelingt es mir auch, mein Heimbüro in Ordnung zu bringen».

1.8
Neuropsychologische Implikationen von Selbstführung

Die Fähigkeit, sich selbst zu führen, wird maßgeblich von den inneren Ressourcen einer Person beeinflusst. Ein großer Teil innerer Ressourcen wird durch neuronale Prozesse des Gehirns gesteuert, die nur zu einem geringen Anteil bewusst wahrnehmbar sind. Wahrnehmung und mentale Konstruktion einer jeweils individuellen Realität erfolgen über den Abgleich einströmender Sinnesdaten mit bereits abgelegten inneren Vorstellungen einer Person und generieren daraus Erwartungsbilder, die weitere Erregungsmuster auslösen, wenn zwischen eintreffenden Sinnesreizen und Erwartungsbildern assoziative Verknüpfungen möglich sind. Menschen denken, fühlen und handeln aus neuropsychologischer Sicht auf der Basis im Gehirn verankerter Vorstellungen und Erfahrungen (Hüther, 2005). Je häufiger diese Vorstellungen durch Sinneseindrücke abgerufen werden und in neuronalen Netzen der Gehirnareale repräsentiert sind, umso wahrscheinlicher verschalten sie sich mit neuronalen Erwartungen zu einem neuen Verbund (s. **Abb. 5**).

Bei Ähnlichkeiten zwischen Wahrnehmungs- und Erfahrungsbildern werden eingehende Informationen als bedeutsam identifiziert und dem bestehenden Netzwerkmuster hinzugefügt. Implizites Lernen hat stattgefunden. Liegen keine Ähnlichkeiten vor, gehen eingehende Informationen verloren. Durch bewusste Wahrnehmung über alle Sinnesorgane, durch Offenheit auch gegenüber ungewöhnlichen Erfahrungen und durch fortlaufende Übertragung wahrgenommener Informationen kreiert sich das Erfahrungswissen fortlaufend neu. Dieser Prozess ist für Selbstführung insofern relevant, als die Person aus den auf sie einströmenden Informationen insbesondere dann Nutzen ziehen kann, wenn sie diese neugierig und bereitwillig aufnimmt. Wer sich im Besitze aller Erkenntnisse wähnt, wird Neues als bereits bekannt abtun, und die Chance vergeben, synaptische Verbindungen zwischen bereits Bekanntem und Unbekanntem zu bilden. Die assoziativen sensorischen und motorischen Bereiche des Kortex, in denen Verschaltungen von Nervenfasern entstehen, werden durch Wahrnehmungen, Gedanken, Gefühle, aber auch körperliche Aktivitäten initialisiert. Gedankliches Simulieren von Handlungen, Imaginieren von Zielzuständen, Abrufen angenehm erlebter Situationen, Trainieren motorischer Abläufe sind nach vorliegenden Erkenntnissen (Hüther, 2005; Roth, 2001) gut geeignet, sich mit neuen oder veränderten Verhaltensweisen und Denkstilen vertraut zu machen. Andererseits lösen sich neuronale Verknüpfungen, wenn sie nicht gepflegt werden, und Talente oder Fähigkeiten verkummern.

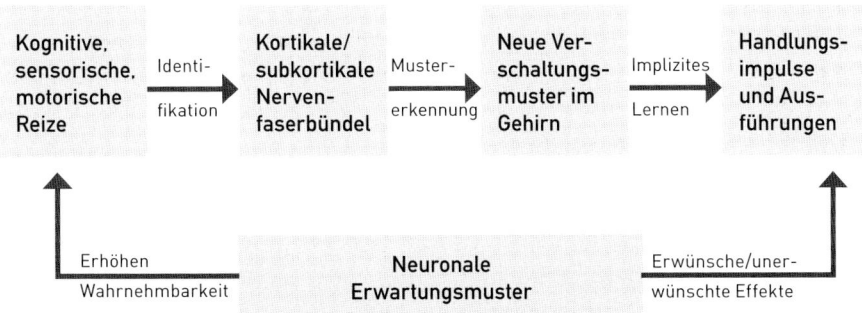

Abbildung 5: Neuronale Organisation von Lernen und Handeln

Beispiele für gedankliches Simulieren:

- Hochleistungssportler imaginieren im entspannten Körperzustand einzelne Wettkampfsituationen, um in der Echtsituation ihr Leistungspotenzial maximieren zu können.

- Verhandlungsführer gehen im Geiste die eigenen Argumentations- und Einwandsketten durch und spiegeln diese an vermuteten Strategien der Gegenpartei, um sich bereits im Vorfeld mit Einwänden und Argumenten, diese zu widerlegen, vertraut zu machen.

- Die Macht innerer Bilder nutzt eine unter Stress stehende Person, indem sie eine angenehme Situation aus dem Gedächtnis abruft und damit aktuelle Erregungszustände reduziert.

Studien zur Hirnforschung belegen, dass positive Stimmungen zu kreativerem und flexiblerem Problemlöseverhalten führen. Noch vor einer konkreten Verhaltensexposition wird durch positive Stimmungen vermehrt Dopamin ausgeschüttet, das kreativitätsfördernde neuronale Verbindungen zwischen kognitiven und emotionalen Prozessen unterstützt (Dreisbach, 2008). Deshalb kann auch erwartet werden, dass stimmungsaufhellende Selbstführungsstrategien eine bessere Nutzung innerer Ressourcen bei der Problembewältigung ermöglicht.

Damasio (2001) bezeichnet den Körper als Bühne der emotionalen Befindlichkeit einer Person. Körperliche Veränderungen weisen danach auf die emotionale Tönung des jeweiligen Denkens und Handelns der Person hin. Eine Zunahme an Körperspannung, ein Wärmegefühl in der Bauchgegend, ein leichtes Transpirieren der Hände sind «somatische Marker» für das Zusammenwirken kognitiver und emotionaler Prozesse. Ihre bewusste Wahrnehmung bietet der handelnden Person Gelegenheit, Emotionen und Stimmungen zu identifizieren, selbst wenn sie nur mit geringer Intensität vorhanden sind. Der Körper wird zum Diagnostikum dafür, ob Verhaltensabsichten oder Verhaltensweisen stimmig sind oder ob sie gegebenenfalls korrigiert werden müssen.

Selbstführungsrelevant ist auch ein weiterer Befund der Neuropsychologie: Erlebensweisen und Erfahrungen sind mehrfach in den sensorischen, emotionalen, kognitiven und körperlichen Projektionsfeldern des Gehirns gespeichert und assoziativ miteinander verknüpft (Hüther, 2001). So ist z. B. zu erklären, dass man beim Hören eines bestimmten Liedes auch Erinnerungen an Gerüche, Bilder oder Gefühle haben kann. Die Multicodierung von Erfahrungen zu nutzen, würde bedeuten, Handlungspläne kortikal und subkortikal möglichst parallel zu kodieren. Etwa dadurch, sie in entspanntem Zustand, von angenehmen Gefühlen begleitet, mit motivierenden Erfolgsaussichten auszustatten und in körperlicher Bewegung gedanklich durchzuspielen. Damit erhöht sich die Erregungsintensität der neuronalen Netze und in dessen Folge die Ausführungswahrscheinlichkeit der Intention. So ist das menschliche Gehirn weitgehend unabhängig vom Alter in der Lage, neue neuronale Netze zu bilden, sie zu synchronisieren und zu einem unverwechselbaren Erfahrungswissen beizutragen. Andererseits braucht es dazu neue Herausforderungen, damit es sich wie ein Muskel weiterentwickeln kann und nicht verkümmert. Gut geeignet sind

- provozierendes Hinterfragen von Wahrnehmungen,

- die Visualisierung und Imaginierung neuer Situationen oder

- phantasievolles Ausschmücken von Handlungsabsichten,

weil in sensorischen, kognitiven und motorischen Gehirnarealen auf diese Weise neuronale «Unruhe» erzeugt wird, aus der neue Assoziationsketten entstehen oder alte Assoziationsketten angereichert werden können.

1.9
Wirkungsbereiche von Selbstführung

Selbstführung ist ein Prozess, bei dem psychische Ressourcen aktiviert werden. Daraus können nach Müller (2003, 2004a) folgende Wirkungen resultieren:

- Selbstmotivierung durch eigene Zielsetzung, Identifizierung intrinsischer Anreizquellen und Verstärkung zieldienlicher Verhaltensweisen.

- Herstellung innerer Transparenz durch Selbstaufmerksamkeit, Introspektion und Beachtung körperlicher Signale.

- Willensfokussierung durch Vorsatzbildung, Prioritätensetzung und Abbau von Überkontrolle.

- Affektive Selbststeuerung durch Kontrolle situativer Auslöser, Reinterpretation physiologischer Erregung und Anpassung nonverbaler Ausdrucksweisen.

- Metakognitive Selbststeuerung durch Aneignung und Anwendung prozeduralen Wissens, Entwicklung konstruktiver Denkhaltungen und Einübung mentalen Probehandelns.

- Selbstinitiierte Verhaltensmodifikation durch Beobachtung von Modellen, Training motorischer Handlungsabläufe und Verbesserung der körperlichen Fitness.

- Proaktive Umfeldgestaltung durch gezielte Auswahl und Modifikation physikalischer und sozialer Arbeitsbedingungen.

Ergebnisse empirischer Untersuchungen zeigen, dass sich diese Wirkungen zu vier allgemeineren Wirkungsbereichen zusammenfassen lassen (Prussia, Anderson & Manz, 1998; Houghton & Neck, 2002; Müller, 2004b, Roux, 2007):

- Selbstführung mit «natural reward focus» (intrinsisch, bedürfnisgerecht, emotional anregend).

- Selbstführung mit «constructive thought» focus (zielorientiert, planvoll, selbstwirksam).

- Selbstführung mit «behavioral focus» (proaktiv, verstärkungsorientiert, motorikbetont).

- Selbstführung mit «vitality focus (körperorientiert, gesundheitsbetont).

Selbstführung wird zumeist durch Unterbrechungen von Tätigkeitsroutinen oder gewohnten Denk- und Verhaltensabläufen eingeleitet. Die Aufmerksamkeit wendet sich der eigenen Person zu (Perspektivenwechsel zur Selbstwahrnehmung), wodurch auch ein Bewusstsein dafür geweckt werden kann, etwas Neues erreichen oder bisher Übliches verändern zu wollen. Die Selbstwahrnehmung mag sich z. B. auf unbefriedigte Bedürfnisse, unterforderte Fähigkeiten, unerfüllte Wünsche, vernachlässigte Wertvorstellungen oder zu wenig beachtete Vorhaben und Visionen richten. Daraus resultierende Spannungen mögen motivationale, emotionale und kognitive Reaktionen auslösen, die durch Selbstführung regulierbar sind, um zu verhindern, dass es zu einem Rückfall in alte Routinen kommt und neue Ziele nicht weiter verfolgt werden. Die Realisierung neuer Ziele ist oft mit Anstrengung verbunden, wofür physiologische Energie und Willenskraft benötigt wird. Anstrengungen werden reguliert, indem eine kontinuierliche Überprüfung von Ergebnissen zielführender Handlungen stattfindet. Entscheidungen für oder gegen bestimmte Handlungen treffen Personen nicht selten auf der Basis impliziter Motive und aus intuitivem Wissen heraus, was speziell bei neuartigen Aufgaben auch ohne Faktenwissen eine erfolgreiche Situationsbewältigung ermöglicht (Dörner, 1998). Intuitives Wissen nützt vor allem dann, wenn Personen erste gedankliche Impulse bewusst aufnehmen, reflektieren und danach in überlegtes Verhalten umsetzen. Selbstführung erleichtert den Zugang zu impliziten Motiven und intuitivem Wissen. Zudem erleichtert sie den fokussierten Einsatz energetischer und volitionaler Ressourcen. Veränderungen können so eher durchgehalten und Hindernisse auf dem Weg zu selbst gesetzten Zielen leichter überwunden werden. Erfolgreiche Handlungen werden im Gedächtnis gespeichert, emotional verankert und mit visuellen oder auditiven Zugangssignalen versehen (Hüther, 2005). Entscheidungen für oder gegen ein bestimmtes Verhalten mögen rational begründet sein, haben ihren Ursprung jedoch nicht selten in unbewussten Präferenzen und neuronalen Strukturen des Erfahrungsgedächtnisses.

Intuitives Wissen und Selbstführung

Klein (2003) untersuchte, wie sich Feuerwehrleute in Krisensituationen verhalten, und fand, dass es mit zunehmender Berufserfahrung zu einer Verschiebung von analytischen hin zu intuitiven Entscheidungsstrategien kommt, die schnell, effizient und wirkungsvoll funktionieren. Er begründet dies mit einer auf Wiedererkennung basierenden Selbstführung. Während junge, zwar gut ausgebildete, aber unerfahrene Feuerwehrleute die Situation am Einsatzort genau analysieren, Handlungsalternativen abwägen und sich mittels «bottom-up»-Informationsverarbeitung für ein bestimmtes Vorgehen entscheiden, folgen erfahrene Feuerwehrleute ersten Handlungsimpulsen, simulieren mental deren Umsetzung und wenden sich erst weiteren Optionen zu, wenn sie Probleme mit dem Erfolg ihrer ersten Handlungsimpulse erkennen. Weicht die aktuelle Situation von bisherigen Erfahrungen ab, gehen sie zwar analytischer vor. Bei der Vergegenwärtigung möglicher Handlungsalternativen greifen sie jedoch ebenfalls auf Impulse ihres intuitiven Wissens zurück.

1.10
Selbstgeführtes Handeln

Übergänge von Selbstführung auf psychischer Ebene zu Selbstführung auf der Ebene offener Verhaltensweisen lassen sich im Rahmen des «Rubikon»-Modells zielgerichteten Handelns verdeutlichen (Heckhausen, Gollwitzer & Weinert, 1987; Storch & Krause, 2005). In diesem Modell wird beschrieben, wie aus zunächst noch unklaren Wunschvorstellungen («impliziten Motiven») konkrete Ziele werden, die Personen bewegen, spezifische Absichten zu entwickeln und zielführend zu handeln. Das Modell hat seinen Namen von einem Fluss, dessen Überschreitung historische Bedeutung erlangt hat. Als Metapher steht der Name für den Zeitpunkt eines psychischen Prozesses, bei dem aus unverbindlichem Suchen, Abwägen und Wählen Entschlossenheit, Handlungsgewissheit und unbedingtes Wollen werden (siehe **Abb. 6**).

Der Prozess beginnt diesseits des Rubikon mit einem selbstrelevanten Anliegen, einem Wunsch oder Bedürfnis, zum Beispiel, etwas für die eigene Entwicklung Bedeutsames tun zu wollen. Die mit solch einem Wunsch oder Bedürfnis verbundenen Vorstellungen sind zumeist noch relativ unspezifisch und diffus. Manchmal mögen sie auch nur bedingt reflektierbar sein oder als schwer interpretierbare Gefühle ins Bewusstsein drängen. In dieser Phase des Prozesses kann durch Selbstführung eine differenzierte Selbstwahrnehmung erreicht werden, die Bewusstseinsschwellen für diffuse Wunschvorstellungen oder unklare emotionale Signale zu senken vermag. Schwächere innere Impulse dringen in diesem Fall leichter ins Bewusstsein, regen weitere psychische Prozesse an, die ihrerseits dazu beitragen, dass sich Personen konkrete Ziele suchen und für bestimmte Vorgehensweisen entscheiden.

Immer noch diesseits, aber schon näher am Rubikon werden aus bislang unspezifischen Wünschen spezifische Motive, die kognitiv repräsentiert und mit reflektierbaren Vorstellungen verbunden sind. Der Identifizierung spezifischer Motive und Zielvorstellungen geht eine mehr oder weniger elaborierte Suche nach im Gedächtnis gespeicherten oder aus externen Quellen stammenden Informationen voraus. Es werden Zielprioritäten geklärt und Absichten herausgebildet, die möglichen Handlungen später eine konkrete Ausrichtung geben. In dieser Phase des Prozesses kann Selbstführung die Identifizierung anreizstarker Ziele, die Festlegung von Prioritäten und Entschlussfassung erleichtern.

Phase 1	Phase 2	R U B I K O N	Phase 3	Phase 4	Phase 5	Phase 6
Unspe-zifischer Wunsch	Zielvor-stellung		Hand-lungs-absicht	Hand-lungs-planung	Hand-lungs-ausführung	Bewertung von Hand-lungsergeb-nissen

Abbildung 6: Phasen zielgerichteten Handelns

Mit dem Übergang vom «Wählen» zum «Wollen» wird der Rubikon überschritten. Jenseits des Rubikons werden Absichten konkretisiert sowie zielführende Handlungen geplant. Dies gelingt umso besser, je stärker Gefühle der Entschlossenheit und Zuversicht ausgeprägt sind. Auch Selbstwirksamkeitsüberzeugungen spielen eine wichtige Rolle. Außerdem muss zunehmend motorisch agiert werden. In der präaktionalen und aktionalen Phase kann Selbstführung dazu beitragen, Handlungsoptionen zu eröffnen, physiologische Energien und Willenkräfte zu mobilisieren, Absichten abzuschirmen und das Vorhaben voranzutreiben. Postaktional werden tatsächlich erreichte Handlungsergebnisse bewertet. In welchem Umfang ist erreicht worden, was intendiert oder erwartet gewesen ist? Was lässt sich rückblickend aus dem Handlungsablauf und den Handlungskonsequenzen für die Planung von Anschlusshandlungen ableiten? Ist es erforderlich, zusätzliche Ressourcen einzusetzen, bisherige Handlungsstrategien zu ändern oder ursprüngliche Ziele zu revidieren? In welchem Umfang lassen sich die erreichten Ergebnisse auf eigene Initiativen, Einflüsse des Umfelds oder besondere Umstände zurückführen?

Speziell die Zuschreibung von Ursachen für mehr oder weniger erfolgreiches Handeln hat selbstführungsrelevante Implikationen. Personen können Ergebnisse ihres Handelns entweder internalen oder externalen Ursachen zuschreiben. Im einen Fall suchen sie Erklärungen bei sich selbst, im anderen Fall werden Erklärungen im Umfeld gesucht. Zusätzlich können Personen stabile oder variable Ursachen für das Zustandekommen von Handlungsergebnissen verantwortlich machen. Ein Beispiel für stabile internale Ursachen wären eigene Fähigkeiten, ein Beispiel für stabile externale Ursachen strukturelle Bedingungen der beruflichen Tätigkeit. Zu variablen Ursachen würde die Anstrengungsbereitschaft (internal) oder die jeweilige Arbeitsaufgabe (external) gehören. Unbewusst sitzen Personen oft der fundamentalen Neigung auf, Handlungserfolge internalen Ursachen und Misserfolge externalen Ursachen zuzuschreiben (Parkinson, 2007). Dies ist speziell bei Misserfolgen jedoch eine ungünstige Attribution, insbesondere, wenn das Zustandekommen enttäuschender Handlungsergebnisse kontrollierbar gewesen wäre. Günstiger wäre in diesem Fall eine internal variable Ursachenzuschreibung (z. B. unzureichende Vorbereitung), da diese (h)offen lässt, es beim nächsten Mal besser machen zu können.

1.11
Zusammenfassung und Einordnung

Selbstführung lässt sich, wie dargestellt, als Prozess beschreiben, der unbewusst, intuitiv oder reflektiert ablaufen kann. Neurowissenschaftlichen Erkenntnissen zufolge scheinen Handlungen zu einem substanziellen Anteil unbewusst energetisiert und gesteuert zu werden, so dass die bewusst handelnde Person zumeist nur in begrenztem Umfang erkennt, welches tatsächliche Beweggründe des Erlebens und Verhaltens sein mögen (Roth, 2001). Grenzen zwischen unbewussten und bewussten Handlungsanteilen können durch intuitive und reflektierte Selbstführung verschoben werden, da sich durch kontinuierliche und häufige Aktivitäten in dieser Richtung neue neuronale Verbindungen und psychische Strukturen herausbilden, die das Erfahrungsgedächtnis erweitern und das Handlungsrepertoire vergrößern. Selbstführung ist kein konfliktfreier Prozess, da äußere Barrieren (eingeschränkte Gestaltungs- und Entfaltungsspielräume) und Gewohnheitsneigungen (Verhaltens- und Arbeitsroutinen) die Realisierung selbst gesetzter Ziele erschweren können. Dies muss per se kein Handicap sein, weil Ziele auf diese Weise einen realistischen, ökologisch wie auch dispositionell angepassten Zuschnitt erhalten. Effektivität und Reichweite von Selbstführung hängen jedoch auch von den Möglichkeiten ab, über die Personen aufgrund ihrer dispositionellen Voraussetzungen verfügen und die das berufliche Umfeld zu bieten vermag.

Das bedeutet, dass Personen nicht nur (durch Erfahrung und/oder Training) lernen müssen,

- eigene Beweggründe und Fähigkeiten zutreffend einzuschätzen,
- sich anreizstarke Handlungsziele zu setzen und
- die Aktivierung, Steuerung und Kontrolle emotionaler, volitionaler, kognitiver und motorischer Prozesse zu beherrschen.

Es bedeutet auch, dass Personen Gestaltungs- und Entfaltungsspielräume, die das jeweilige Arbeitsumfeld bietet, erkennen und Chancen, die solche Spielräume bieten, für eigene Handlungsinitiativen nutzen sollten. Wichtig ist dies vor allem dann, wenn Personen nicht nur sich selbst, sondern auch andere Personen führen möchten (vgl. Müller, 2005a; s. u. Kap. 5).

Konzeptuell kann Selbstführung der *Positiven Psychologie* zugeordnet werden (Seligman & Csikszentmihalyi, 2000; Auhagen, 2004; Peterson, 2006). Die Positive Psychologie erforscht menschliches Erleben und Verhalten unter der Perspektive psychischer Ressourcen und Potenziale, deren Nutzung und Entwicklung ein erfülltes Leben ermöglichen. Diese Perspektive unterscheidet die Positive Psychologie von der «main stream» Psychologie, die zumeist Unzulänglichkeiten oder Störungen der menschlichen Psyche untersucht. Zu wichtigen Erkenntnissen der Positiven Psychologie gehören auch solche, die mit Selbstführung in Zusammenhang stehen (vgl. Müller & Wiese, 2008). So zeigt sich, dass Personen mehr in ihrer Arbeit aufgehen und Leistungen als befriedigender erleben, wenn sie berufliche Tätigkeiten nach individuellen Vorstellungen ausgestalten können. Selbstführung trägt ebenfalls zur Gesundheit und zum Wohlbefinden von Personen bei. Personen, die sich selbst führen, sind erfolgreicher bei der Bewältigung beruflicher Belastungen und vertrauen auf die Wirksamkeit eigener Mittel und Möglichkeiten, um anforderungsbedingten Stress zu reduzieren. Auch scheint es ihnen leichter zu fallen, negative Beanspruchungen und krankmachende Belastungen schon im Vorfeld ihres Entstehens zu neutralisieren. Dass der offensive und selbstbestimmte Umgang mit Aufgabenanforderungen die Arbeits- und Lebenszufriedenheit steigert, ist ebenfalls ein gut gesicherter Befund. Fortschritte bei der Bewältigung von Arbeitsanforderungen lösen Wohlbefinden aus, weil sie Selbstwirksamkeitsüberzeugungen stärken und durch intrinsische Handlungsanreize einen nachhaltigeren Befriedigungswert besitzen.

Ein zweiter konzeptueller Ansatz, dem sich Selbstführung zuordnen lässt, ist die *Lösungsorientierte Psychologie* (vgl. z. B. Friedmann, 2004). Während bei der Positiven Psychologie beschreibende und erklärende Erkenntnisinteressen im Vordergrund stehen, geht es in der Lösungsorientierten Psychologie primär um Erkenntnisse, mit welchen konkreten Strategien und Interventionen ein erfolgreiches und erfüllendes (Arbeits)Leben erreicht werden kann. Strategien und Interventionen setzen wahlweise bei sozial-emotionalen, kognitiv-rationalen und handlungsaktivierenden Prozessen an. Im Folgenden wird von dem vierdimensionalen Modell ausgegangen. Dieses Modell ist in **Abbildung 7** dargestellt und benennt Kategorien funktional ähnlicher Selbstführungsstrategien. Pfeile zwischen den vier Fokusdimensionen der Selbstführung verdeutlichen eine wichtige Implikation des Modells, wenn Personen Selbstführungsstrategien lernen, anwenden oder vermitteln möchten: Bei der Anwendung, Aneignung und Vermittlung von Selbstführungsstrategien treten Auswirkungen auf das Erleben und Verhalten selten als Einzeleffekte in Erscheinung. Vielmehr ist von komplexen Wechselwirkungen und mehrfach abhängigen Effekten auszugehen, da physisches Befinden, emotionales Erleben, Denken und Handeln prozessual vielfältig miteinander verbunden sind und mit der Anwendung einzelner Strategien und isolierter Interventionen allenfalls in begrenztem Umfang Erfolge oder Fortschritte zu erreichen sind.

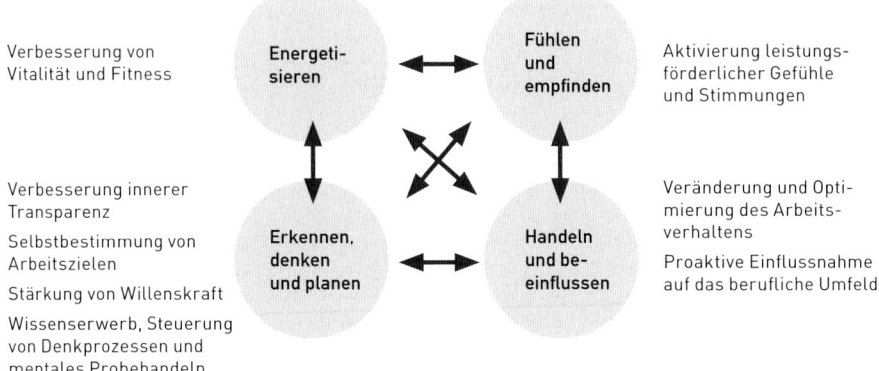

Abbildung 7: Fokusdimensionen von Selbstführung und Kategorien von Selbstführungs-strategien

Die Systematik von Fokusdimensionen liegt dem Aufbau des nächsten Buchkapitels zugrunde. Dort werden die in verschiedene Kategorien fallenden Selbstführungsstrategien näher beschrieben und in ihren Anwendungszusammenhängen beleuchtet.

1.12
Die eigene intuitive Selbstführungskompetenz ermitteln

Der folgende Fragebogen, mit dem man die eigene intuitive Selbstführungskompetenz ermitteln kann, geht auf Untersuchungen von Müller (2004b, 2006) zurück. Ergebnisse einer Vergleichsstudie mit deutsch-, englisch- und französischsprachigen Versionen dieses Fragebogens legen den Schluss nah, dass es sich bei Selbstführung um ein interkulturell relativ stabiles Kompetenzmerkmal handeln dürfte (Goldinger, 2007).

Der folgende Fragebogen enthält 36 Beschreibungen von Strategien, wie man mit Arbeitsaufgaben oder Leistungsanforderungen umgehen kann. **Wie genau beschreiben diese Strategien Ihren eigenen Umgang mit Aufgaben und Anforderungen?** Ist die Beschreibung **sehr ungenau**, hinter der betreffenden Strategie bitte jeweils eine «1» notieren, ist sie **eher ungenau als genau**» jeweils eine «**2**» notieren, ist sie **eher genau als ungenau** jeweils eine «**3**» notieren und ist sie **sehr genau** jeweils eine «**4**» notieren. Am Ende des Fragebogens werden Hinweise zur Auswertung gegeben.

1 Es fällt mir häufig schwer, den Verlockungen angenehmer Arbeitsunterbrechungen zu widerstehen. —

2 Unangenehme Aufgaben schiebe ich vor mir her, so lange es geht. —

3 Ich lasse Aufgaben oft länger liegen, weil ich mir denke, auch später noch genügend Zeit dafür zu haben. —

4 Zeitpläne und Fristen kann ich häufig nur unter Termindruck einhalten. —

5 Manchmal fehlt mir die notwendige Selbstdisziplin, um das, was ich mir vorgenommen habe, auch durchzuführen. —

6 Arbeitsvorsätze, die ich fasse, werden oft durch äußere Ereignisse blockiert. —

7 Ich bin in der Lage, meine Zeit sehr gut einzuteilen. —

8 Wenn ich arbeite, lasse ich mich durch nichts ablenken. —

9 Es gelingt mir im Allgemeinen, Dinge, die ich mir vornehme, auch gegen Widerstände von außen zu erledigen. —

10 Ich achte darauf, dass ich bei der Bewältigung von Aufgaben zügig vorankomme. —

11 Um konkrete Arbeitsziele zu erreichen, plane ich mein Vorgehen sehr genau. —

12 Wenn ich mir etwas vornehme, überlege ich genau, in welchen Schritten ich es erreichen kann. —

13 Bevor ich Aufgaben in Angriff nehme, spiele ich gedanklich durch, wie ich jeweils vorgehen möchte. —

14 Ich versuche möglichst genau festzulegen, wann, wo und wie ich Arbeitsvorhaben umsetzen möchte. —

15 Ich mache mich umfassend mit Arbeitsaufgaben vertraut, bevor ich beginne, sie in Angriff zu nehmen. —

16 Bei Arbeitsaufgaben versuche ich mir klar zu werden, was ich auf welche Weise am besten ausführen kann.

17 Bei der Planung eigener Aktivitäten lege ich konkret fest, wann ich beginnen und fertig sein möchte.

18 Bevor ich neuartige Tätigkeiten ausführe, bereite ich mich sorgfältig darauf vor.

19 Ich bin bestrebt, mein Arbeitsumfeld so zu gestalten, dass es sich positiv auf meine Tätigkeit auswirkt.

20 Ich versuche mich dort aufzuhalten, wo die Arbeit am meisten Spaß macht.

21 Wenn ich die Wahl habe, arbeite ich gezielt an Orten, die mich ansprechen.

22 Ich versuche, meiner Arbeit ein möglichst angenehmes Ambiente zu geben.

23 Ich achte darauf, von Dingen und Personen umgeben zu sein, die meiner Arbeit produktive Impulse geben können.

24 Ich versuche herauszufinden, welches Arbeitsumfeld inspirierend auf mich wirkt.

25 Ich belasse mein Arbeitsumfeld zumeist so, wie ich es vorfinde.

26 Wenn ich erkenne, dass Dinge von außen meine Arbeit beeinträchtigen, versuche ich gezielt, diese zu verändern.

27 Alles in Allem kann ich der Arbeit eher positive als negative Aspekte abgewinnen.

28 Für mich ist Spaß bei der Arbeit kein Widerspruch in sich selbst.

29 Arbeitssituationen lösen bei mir überwiegend unangenehme Gefühle aus.

30 Ich nehme mir Arbeitsziele vor, die mich auch persönlich weiterbringen.

31 Wenn ich anspruchsvolle Arbeitsziele erreichen möchte, strenge ich mich mehr als gewöhnlich an.

32 Anspruchsvolle Ziele, die ich mir setze, erreiche ich zumeist auch.

33 Bei den meisten Arbeitstätigkeiten fallen mir mehr Sonnen- als Schattenseiten auf.

34 Ich neige dazu, mir anspruchsvolle Arbeitsziele zu setzen.

35 Auch wenn mich die tägliche Arbeit frustriert, verliere ich berufliche Ziele, die ich habe, nicht aus den Augen.

36 Es fällt mir leicht, eigene Zielvorstellungen bei der Arbeit zu verwirklichen.

Auswertung:

1. Schritt: Die Antworten der Fragen 1) bis 6), 25) und 29) müssen **umgepolt** werden, d.h. eine «1» erhält den Wert «4», eine «2» den Wert «3», eine «3» den Wert «2» und eine «4» den Wert «1»

2. Schritt: Zur Ermittlung eines **Werts für die Gesamtkompetenz** müssen alle Zahlen in den Kästchen zusammen gezählt werden (bei den Fragen 1-6, 25 und 29 die Werte der umgepolten Antworten).

3. Schritt: Zur Ermittlung der Werte einzelner **Kompetenzbereiche** müssen noch folgende vier **Teilsummen** gebildet werden:

Antworten der Fragen 01-10 (**Zeit- und Willensmanagement**)

Antworten der Fragen 11-18 (**Handlungsplanung**)

Antworten der Fragen 19-26 (**Umfeldgestaltung**)

Antworten der Fragen 27-36 (**Intrinsische Anreize und Zielbindung**)

Ausprägung der Gesamtkompetenz:

Bei **mehr als 122 Punkten** ist die eigene Selbstführungskompetenz bereits sehr gut ausgebildet und man kann seine Fertigkeiten weiter verfeinern, indem man sich um eine gezielte Erschließung noch ungenutzter Selbstführungspotenziale bemüht.

Zwischen 84 und 121 Punkten ist in speziellen Bereichen der eigenen Selbstführungskompetenz zumeist noch Entwicklungsbedarf vorhanden (siehe Stärken/Schwächen-Auswertung).

Bei **83 Punkten und weniger** ist die eigene Selbstführungskompetenz eher unterentwickelt, so dass eine umfassende Aufklärung über selbstführungsrelevante psychische Prozesse und eine intensive Einübung von Selbstführungsstrategien erforderlich wäre.

Stärken/Schwächen in einzelnen Kompetenzbereichen:

Zeit- und Willensmanagement: Bei **30 und mehr Punkten** sind bereits gut entwickelte Strategien der Aufgabenorganisation und Zielrealisierung vorhanden. Bei **19 Punkten und weniger** wäre es notwendig, das eigene Zeitmanagement zu verbessern und Willenskräfte bei der Zielverfolgung effektiver einzusetzen.

Handlungsplanung: Bei **27 Punkten und mehr** kann man mit der gedanklichen Strukturierung beabsichtigter Vorhaben bereits sehr zufrieden sein. Bei **18 Punkten und weniger** wäre es angezeigt, eigene Vorhaben reflektierter und systematischer zu planen.

Umfeldgestaltung: Bei **29 Punkten und mehr** sind Strategien, das Arbeits- und Lebensumfeld nach eigenen Vorstellungen zu gestalten, bereits sehr gut entwickelt. Bei **20 Punkten und weniger** müssten mehr Möglichkeiten, sich ein bedürfnisgerechtes Umfeld zu schaffen, erschlossen und ergriffen werden.

Intrinsische Anreize und Zielbindung: Bei **37 und mehr Punkten** ist die Steuerung und Kontrolle eigener Gefühle und Motivationszustände gut ausgeprägt, bei **weniger als 15 Punkten** wäre es erforderlich, die emotionale Kontrolle zu stärken und eigene Zielsetzung zu verbessern.

2 Strategien

2.1
Erkennen, denken und planen

2.1.1
Verbesserung Innerer Transparenz durch Selbstaufmerksamkeit und Selbstbeobachtung

Selbstführung impliziert grundlegend zunächst einmal, sich aktiv mit der eigenen Person auseinanderzusetzen. Diese Auseinandersetzung ist kein Selbstzweck. Sie dient dazu, berufsrelevante Facetten der eigenen Identität zu reflektieren, um individuelle Wünsche und Bedürfnisse, Denk- und Handlungsweisen, Kompetenzen und Fähigkeiten genauer einschätzen und gezielter weiter entwickeln zu können. Selbstreflexion setzt Selbstaufmerksamkeit voraus. Untersuchungsbefunde zeigen jedoch, dass sich die eigene Person relativ selten im Aufmerksamkeitsfokus befindet. Wurden Beschäftigte über eine Woche hinweg zu unterschiedlichen Zeitpunkten während der Arbeit befragt, was sie gedanklich gerade bewegt, ließen nur rund 8 % der Antworten selbstbezogene Inhalte erkennen (vgl. Csikszentmihalyi & Figurski, 1982). Eine für Selbstführung notwendige Aufmerksamkeitsfokussierung schien demnach allenfalls kursorisch im Bewusstsein von Personen vorhanden gewesen zu sein. Der Umfang an Selbstaufmerksamkeit war sogar geringer als das des gedanklichen Faulenzens, dem immerhin 14 % der Antworten zugeordnet werden konnten.

Diese und ähnliche Befunde lassen sich mit der Theorie objektiver Selbstaufmerksamkeit erklären (vgl. Carver, 2003). Die Theorie besagt, dass Personen nicht ohne konkreten Anlass eine Beobachterrolle sich selbst gegenüber einnehmen. Selbstaufmerksamkeit stellt sich z.B. ein, wenn Personen nicht umhin kommen, sich von außen, gleichsam mit fremden Augen wahrzunehmen, etwa dann, wenn sie meinen, von anderen Personen beobachtet zu werden, wenn sie Videoaufzeichnungen ihres Verhaltens sehen oder ein Spiegelbild ihrer äußeren Erscheinung betrachten. Die Theorie besagt, dass eine Konfrontation mit dem, wie man sich aktuell wahrnimmt, auch Vorstellungen aktiviert, wie man in der jeweiligen Situation gerne hätte sein bzw. handeln mögen oder sollen. Selbstaufmerksamkeit ruft sehr oft also auch Idealbilder, Ansprüche, Wunschvorstellungen und Erwartungshaltungen auf. Da die aktuellen Eindrücke im Vergleich dazu häufig schlechter abschneiden, neigen Personen dazu, die weitere Auseinandersetzung mit sich selbst zu beenden. Diese Neigung kommt zwar einem Bedürfnis nach Selbstschutz und Aufrechterhaltung eines positiven Selbstwertgefühls entgegen. Als ausgesprochen defensive Strategie, mit Informationen über die eigene Person umzugehen, wäre sie hingegen wenig geeignet, sich verändern und weiter entwickeln zu können.

Eine offensivere Strategie, mit wahrgenommenen Schwächen umzugehen, basiert auf der Einsicht, dass Stärken und Schwächen stets in Relation zu betrachten sind, weil mit ihnen sowohl positive als auch negative Werte verbunden sein können (Schulz von Thun, 2004). Der eigenen «Durchsetzungsschwäche» mag als positiver Wert «zuhören können», der Stärke, «gleichzeitig mehrere Aufgaben bewältigen können» als negativer Wert ein «chaotischer Arbeitsstil» gegenüberstehen. Die Vergegenwärtigung komplementärer Werte lässt sich bei wahrgenommenen Defiziten nutzen, um Ansatzpunkte für die persönliche Weiterentwicklung zu finden. Eine wirksame Strategie bietet die Methode des Entwicklungsquadrats nach Westermann (2007).

Methode des Entwicklungsquadrats:

Wahrgenommene Stärken und Schwächen werden systematisch bewertet und gezielt relativiert. Eine vermeintliche Schwäche wie etwa die Überzeugung «ich bin hoffnungslos unorganisiert» wird daraufhin untersucht, welchen positiven Wert sie beinhaltet. Ein auf diese Weise identifizierter Wert, z. B. «ich kann in Situationen flexibel reagieren», lässt sich sodann als konkretes Entwicklungsziel definieren. Die Bearbeitung von Schwächen wird durch Leitfragen gesteuert. Am Beispiel der wahrgenommenen Schwäche «ich bin oft zu vertrauensselig» mag dies folgendermaßen aussehen:

- Wie lässt sich die betreffende Schwäche überspitzt formulieren? (z. B. «extrem gutgläubig»)

- Was wäre ein positives Merkmal dieser Schwäche? (z. B. «vorurteilsfrei»)

- Welcher ebenso unerwünschte Gegensatz würde hierzu passen? (z. B. «absolutes Misstrauen»)

- Wie könnte eine positive Formulierung dieses Gegensatzes lauten? (z. B. «gesunde Skepsis»)

- Welche Empfindungen lösen die positiven Werte aus?

- Welche Verhaltensweisen würden die betreffenden Werte ausdrücken?

- In welchen Situationen könnten diese Verhaltensweisen gezeigt werden?

- Woran wären Fortschritte bei der Situationsbewältigung erkennbar?

Durch systematisches Kontrastieren nehmen Personen neue Bedeutungszusammenhänge wahr und lernen Optionen kennen, mit denen sich bisherige Versagenssituationen neu bewerten und konstruktiver bewältigen lassen.

Eine weitere Strategie besteht darin, Ereignisse, die die Aufmerksamkeit auf die eigene Person lenken, *systematisch* zu beobachten (vgl. Manz & Neck, 1999). Oft lässt sich die tatsächliche Bedeutung von Ereignissen, die Personen zur Selbstreflexion anregen, aus den voraus laufenden Bedingungen, den Begleitumständen und/oder Konsequenzen der betreffenden Ereignisse erschließen. Zur Bedeutungsklärung trägt bei, dass Selbstaufmerksamkeit auf diese Weise aufrechterhalten bleibt. Positiv oder negativ anmutende Besonderheiten der jeweiligen Situation werden protokolliert. Zusätzlich können äußere Begleitumstände, innere Befindlichkeiten und eigene Verhaltensreaktionen festgehalten werden. Aus sich abzeichnenden Zusammenhängen zwischen der Auftretenshäufigkeit wünschenswerter und weniger wünschenswerter Empfindungen einerseits und dem Vorhandensein und Nicht-Vorhandensein bestimmter Situationsmerkmale andererseits können Anhaltspunkte über Stärken und Schwächen bei der Bewältigung situativer Anforderungen und über mögliche Ansatzpunkte für Verhaltensänderungen abgeleitet werden.

Fallbeispiele:

Braun (2005) dokumentiert den Fall einer Managerin, die unangemessene Gefühlsreaktionen in Arbeitsbesprechungen zu kontrollieren lernte, indem sie Ereignisse in diesen Besprechungen und die dadurch ausgelösten Empfindungen über vier Wochen hinweg protokollierte und daran arbeitete, situationsgerechter zu reagieren. Sie klassifizierte sachlich-inhaltliche, sozial-kommunikative und personenbezogene Ereignisse und ordnete diesen die Gefühlskategorien «neutral», «angeregt», «engagiert» und «erregt» zu. In den Arbeitsbesprechungen selbst und bei der Rückschau darauf achtete sie auf das Entstehen ihrer Gefühle und auf Möglichkeiten, diese zu kontrollieren und bewusst zu steuern. Personenbezogenen Ereignissen begegnete sie bereits bei «angeregtem» Gefühlszustand mit Vorstellungen über mögliche Zwänge, Abhängigkeiten und individuelle Besonderheiten der jeweils involvierten Personen und konnte so emotionale Überreaktionen schließlich erfolgreich in bewusste Zurückhaltung und weniger dominante Formen der Einflussnahme überführen.

Ein zweites Beispiel ist der Fall eines 30jährigen Personalchefs, der von Gedanken gequält wurde, die um die Frage «Ist das beruflich schon alles gewesen?» kreisten und diffuse Versagensängste wie auch zunehmende Schlaflosigkeit auslösten. Unter psychologischer Anleitung sondierte der Personalchef seine impliziten Motive, beobachtete berufliche und außerberufliche Aktivitäten und reflektierte Wahrnehmungen und Gefühle, die mit seinen Aktivitäten verbunden waren. Auf diese Weise konnte er die empfundene berufliche Unterforderung als Selbstschutz identifizieren und seine diffusen Versagensängste stark überentwickelten Betrebungen zuschreiben, Misserfolge vermeiden zu wollen.

Ein drittes Beispiel, das bei Vollmer (1994) geschildert wird, ist der Fall eines lesefaulen Wissenschaftlers, der alleine dadurch, dass er den Umfang an Lektüre protokollierte und das unzulängliche Verhalten dadurch im Fokus der Selbstaufmerksamkeit hielt, seine Leseleistung deutlich zu steigern vermochte.

Berufs- und tätigkeitsbezogene Implikationen von Selbstaufmerksamkeit und Selbstbeobachtung berühren die Frage, wie viel Selbstkritik und Selbstentwicklung Unternehmen und Einrichtungen bei Mitarbeitern und Führungskräften tolerieren und fördern möchten. Speziell innovative und rasch wachsende Organisationen können profitieren, wenn sich Mitarbeiter und Führungskräfte mit ihren Arbeitsaufgaben identifizieren, wenn Mitarbeiter und Führungskräfte aktive Gestalter ihrer Rollen und Tätigkeiten sein dürfen, sowie eigene Ideen und die Bereitschaft einbringen können, Veränderungen anzustoßen und mitzutragen. Eine Verbesserung der Selbstwahrnehmung lässt Mitarbeiter und Führungskräfte eigene Potenziale entdecken, deren Entwicklung sehr oft nicht nur individuelle, sondern auch kooperative und organisationale Vorteile verspricht.

Kurz überprüft: Wie viel Aufmerksamkeit und Beobachtung gilt der eigenen Person?

Hier wie bei weiteren Kurzüberprüfungen die zutreffende Aussagen jeweils abhaken und nicht abgehakte Aussagen für Selbstreflexionen nutzen.

- Bei dem, was ich tue, staune ich gelegentlich, über welche Fähigkeiten ich verfüge. ☐

- Bei dem, was ich tue, fällt mir gelegentlich auf, dass ich auch weniger gut entwickelte Fähigkeiten habe. ☐

- Bei Routinetätigkeiten hinterfrage ich oft, ob diese noch meinen persönlichen Ansprüchen genügen. ☐

- Wenn ich unzufrieden mit einer Arbeit bin, suche ich mögliche Gründe dafür zunächst bei mir selbst. ☐

- Wenn ich kritisiert werde, frage ich mich, was ich das nächste Mal besser machen kann. ☐

- Am Ende eines Tages lasse ich nochmals Revue passieren, was ich im Einzelnen erreicht habe. ☐

- Ich beschäftige mich oft mit der Frage, welche Tätigkeiten ich gerne noch intensiver betreiben möchte. ☐

2.1.2
Verbesserung Innerer Transparenz durch Achtsamkeit, Vorteilskontrolle und Feedback

Innere Transparenz ist auch dadurch gekennzeichnet, dass Personen eigene Denkstile, Bedürfnisse, Überzeugungen, Werte, Fähigkeiten, Eigenschaften und Talente zutreffend einschätzen können. Vorhandensein und Ausprägung solcher Merkmale werden jedoch nicht selten unrealistisch eingeschätzt, weil es sich um Persönlichkeitsfaktoren handelt, die das Erleben und Verhalten implizit bzw. unbewusst beeinflussen. Trotzdem haben diese Faktoren ebenfalls großen Anteil daran, ob Personen berufliche Tätigkeiten als eher bereichernd oder belastend empfinden.

Der möglichst genaue und unvoreingenommene Blick auf das, was man tatsächlich will und kann, ist ein äußerst wichtiger Bestandteil von Selbstführung. Er verhindert, dass sich Personen selbstdiskrepante Berufsziele setzen oder große Anstrengungen für Tätigkeiten aufwenden, ohne letztlich zufriedenstellende Ergebnisse zu erreichen. Eine zutreffende Einschätzung eigener Potenziale hingegen ermöglicht, dass sich Personen in eine bedürfnisgerechte Richtung entwickeln und Spitzenleistungen erbringen, die aus vorhandenen und kontinuierlich weiter entwickelten Talenten resultieren. Eine Verbesserung innerer Transparenz bedeutet, latente Beweggründe und Dispositionen zu entdecken und für die Festlegung und Verfolgung längerfristiger Berufsziele nutzbar zu machen. Die Realisierung solcher Berufsziele ist umso erfolgversprechender, je mehr sie aus einer Position der Stärke heraus betrieben wird. Schulz von Thun (1984) stellt aufgrund langjähriger Erfahrungen als Führungskräftetrainer fest, dass «... wir persönlich wahrscheinlich am besten voran(kommen), wenn wir uns auf unsere schon vorhandene Substanz besinnen» (S. 48), und auch Peter Drucker (1999) schreibt, dass sich berufliche Karrieren besonders erfolgreich entwickeln, wenn Menschen ihre Stärken kennen und Chancen nutzen, die sich für einen Einsatz und die Entwicklung dieser Stärken bieten (S. 14).

Aber auch Schwächen können konstruktiv genutzt werden, wenn Personen deren Funktionalität erkennen. Die Funktionalität eines vermeintlich als Schwäche wahrgenommenen «Skeptizismus» etwa mag darin bestehen, Bedürfnisse nach Sicherheit, Kontrolle und sorgfältiger Handlungsplanung zu befriedigen. Positiv ließe sich zudem bewerten, dass Skeptizismus die Fähigkeit erfordert, Handlungsimpulse unterdrücken zu können. Nach außen mag Skeptizismus überdies den Eindruck vermitteln, dass Person dazu neigen, Vor- und Nachteile abzuwägen und auf überzeugende Argumente Wert zu legen. Schwächen verlieren bei dieser Sichtweise ihren defizitären Charakter und gewinnen an Bedeutung und Wertschätzung. Orientierungsfragen helfen Personen, konstruktiv mit Schwächen umzugehen: In welchen Situationen ist eine vermeintlich störende Schwäche sinnvoll? Welches Grundmotiv könnte hinter der betreffenden Schwäche verborgen sein? Welche positiven Konsequenzen und Auswirkungen hat die Schwäche auf andere Personen? Welche Fähigkeiten sind erforderlich, die Schwäche bewusst zu zeigen und einzusetzen?

Wirkungen, die von latenten Beweggründen und Dispositionen ausgehen, sind zumeist subtil und unspezifisch. Die sie begleitenden Signale kommen im

Bewusstsein als eher diffuse Botschaften an (intuitive Anmutungen, unklare Präferenzkonflikte, innere Vorbehalte) und können deshalb leicht «überhört», ignoriert oder missverstanden werden. Ergebnisse der psychologischen Forschung deuteten z. B. lange Zeit darauf hin, dass implizite und explizite Motive und Einstellungen nur wenig miteinander korrelieren (Spangler, 1992). Was Personen bewusst wollen und wertschätzen, schien sich also kaum darin niederzuschlagen, welche Präferenzen ihre automatischen und impulsiven, d. h. nicht bewusst kontrollierten Reaktionen zu erkennen gaben. Neuere Forschungsergebnisse relativieren diese Schlussfolgerung jedoch (Nosek, 2005). Sie zeigen, dass es unter bestimmten Bedingungen auch zur Übereinstimmung zwischen impliziten und expliziten Motiven kommt. Um sich selbst führen zu können, ist wichtig, diese Bedingungen zu kennen und in der Lage zu sein, innere Signale wahrzunehmen und zutreffend zu deuten. Zwei empirisch belegte Bedingungen sind Achtsamkeit und Vorurteilskontrolle.

Achtsamkeit ist eine auf spontane Gefühlsregungen und Verhaltensreaktionen fokussierte Selbstaufmerksamkeit. Spontane Gefühlsregungen und Verhaltensreaktionen sind zumeist sehr authentisch und enthalten, wenn sie nicht unterdrückt werden oder vorschnell der Selbstkritik zum Opfer fallen, wertvolle Informationen über das, was man eigentlich will oder kann. Im beruflichen Bereich ist Achtsamkeit nicht immer herzustellen, insbesondere, wenn Mitarbeiter und Führungskräfte dazu neigen, Tätigkeitsanforderungen vorbehaltlos zu akzeptieren oder Leistungsziele selbst dann noch erfüllen zu wollen, wenn diese eigenen Bedürfnissen zuwiderlaufen oder vorhandene Fähigkeiten übersteigen würde. Die sich hieraus ergebende Dauerbelastung verhindert nicht nur, Kontakt mit inneren Quellen für Zufriedenheit und Wohlbefinden aufnehmen zu können. Sie trägt auch dazu bei, nach vergeblichen Anstrengungen hart und abwertend mit sich selbst ins Gericht zu gehen. Achtsamkeit herzustellen bedeutet, das eigene Denken und Handeln zu fokussieren und beides in einen angenehmen Erlebenszusammenhang mit persönlichen Dispositionen zu bringen. Neuropsychologisch betrachtet bilden sich auf diese Weise neue kortikale Verbindungen heraus, die das emotionale und kognitive Erfahrungsgedächtnis erweitern. Auf diese Weise kann aus latenter Selbstführung reflektierte Selbstführung werden. Möglichkeiten, die eigene Achtsamkeit zu erhöhen, sind z. B. fest im Bewusstsein verankerte Selbstanweisungen wie «Ich höre auf meine Intuition und innere Stimme», «Ich nehme eigene Schwächen gelassen an», «Ich achte auf das, was mir gut gelingt», «Auch wenn mir Fehler unterlaufen, bleibe ich ein wertvoller Mensch» (Eichhorn, 2001, S. 98).

Vorurteilskontrolle ermöglicht eine objektivere Sicht auf Fähigkeiten, die man besitzt. Achtsamkeit ist eine notwendige, aber keine hinreichende Bedingung dafür, zu einer zuverlässigen und realistischen Einschätzung eigener Talente und Neigungen zu gelangen. Neben übertriebener Selbstkritik ist es oft auch Selbstüberschätzung, die den Blick für tatsächlich vorhandene Stärken verstellt (Dunning, 2005). Untersuchungen zeigen, dass sich Ärzte, Rechtsanwälte, Ingenieure oder Unternehmer nicht selten zu optimistisch äußern, wenn sie die Qualität ihrer Fachkenntnisse und beruflichen Kompetenzen einschätzen sollen. Auch bei Eigenschaften wie Einfühlungsvermögen, Kooperativität oder Gewissenhaftigkeit lässt sich eine «Illusion der Überdurchschnittlichkeit» feststellen (Dunning, Heath & Suls, 2004). Das Risiko, übertriebener Selbstkritik oder Selbstüberschätzung aufzusitzen und ein unzutreffendes Selbstbild aufrecht zu erhalten, kann reduziert werden, indem die eigenen Urteilsmaßstäbe überprüft und vorurteilsbehaftete Festlegungen relativiert werden. Zu den Möglichkeiten, dies zu erreichen, gehört, nach zuverlässigen Feedback-Informationen zu suchen und diese systematisch auszuwerten. Hierzu zählt, Feedback-Informationen möglichst anforderungsbezogen zu suchen, sie mehrfach und aus verschiedenen Quellen einzuholen, und bei ihrer Auswertung möglichst neutral und unvoreingenommen vorzugehen. Sind externe Feedbackquellen nicht zur Hand, können zirkuläre Fragen helfen, den Realitätsgehalt von Selbsteinschätzungen zu bewerten. Zirkulär zu fragen bedeutet in diesem Zusammenhang z. B., aus der imaginierten Sicht einer anderen Person die eigenen Handlungen, Gedanken, Gefühle oder Überzeugungen zu reflektieren und zu bewerten. Sinnvolle Fragen könnten beispielsweise sein: Wie würde ein Kollege meine Stärken und Schwächen beschreiben? Was würde mein Vorgesetzter sagen, wenn er das «Haar in der Suppe» finden soll? Wie würde mein bester Freund meine Überzeugungen kommentieren?

Eine zuverlässige Feedback-Quelle für eigene Fähigkeitspotenziale sind psychometrische Eignungsdiagnosen. Für eine erfolgreiche unternehmerische Tätigkeit etwa, die eigenständiges Denken und Handeln abverlangt, ist die Kenntnis eigener Stärken und Schwächen besonders relevant (Müller, 2000). Selbstüberschätzung führt nicht selten zu geschäftlichem Scheitern und dürfte mit dazu beigetragen haben, dass die Firmen und Konzerne ursprünglich so erfolgreicher Unternehmer wie Rainer Esch, Jürgen Schneider oder Leo Kirch haben Konkurs anmelden müssen. Sich bewährten Testverfahren zu unterziehen, ermöglicht eine relativ genaue Abschätzung, wie stark individuelle Eignungspotenziale ausgeprägt sind und wie gut eine Auseinandersetzung mit beruflichen Tätigkeitsanforderungen zu gelingen verspricht. Dies gilt in gleicher Weise für die Fähigkeit, sich selbst führen zu können.

Die folgenden 30 Testfragen, die auch in verschiedenen Untersuchungen von Müller (2005b, 2006) verwendet wurden, messen Ausprägungen von Eigenschaften, die für Selbstführung von Bedeutung sind. Sie sind als Kurzaussagen oder Feststellungen formuliert, auf die jeweils zwei oder drei Antwortalternativen folgen. Es darf immer jeweils nur **eine** Alternative angekreuzt werden, und zwar diejenige, die am ehesten den eigenen Denk- oder Verhaltensvorlieben entspricht.

1 Bei Problemen, die mit dem analytischen Verstand zu lösen sind, fühle ich mich

☐ immer sehr sicher.

☐ gelegentlich unsicher.

2 Eine Person, die großen Wert auf exakt durchdachtes Vorgehen legt, wäre mir

☐ eher ähnlich.

☐ eher unähnlich.

3 Ich gehe Probleme eher so an:

☐ frage ich Freunde und vertraute Personen, was sie wohl tun würden?

☐ vertraue ich meinem eigenen Urteil, was das richtige Vorgehen ist?

4 Ich lege mehr Wert darauf,

☐ eher allgemeine geistige Fähigkeiten zu entwickeln.

☐ ganz spezielle geistige Fähigkeiten zu entwickeln.

5 Bei Zahlen

☐ bin ich immer sehr sorgfältig und genau.

☐ kann ich auch mal oberflächlich sein.

6 Arbeit macht umso mehr Spaß, je

☐ mehr man sich mit ihr identifiziert.

☐ besser man dafür bezahlt wird.

7   Ich würde mich eher dafür einsetzen,

☐   die Wohltätigkeit in unserer Gesellschaft zu verbessern.

☐   die Leistungsfähigkeit in unserer Gesellschaft zu verbessern.

8   Ich habe es lieber,

☐   Aufgaben innerhalb eines größeren Projekts zu bearbeiten.

☐   Aufgaben zu bearbeiten, die ich mir selbst gestellt habe.

9   Für mich ist wichtiger

☐   zusätzliche Zeit mit beruflichen Aktivitäten verbringen zu können.

☐   zusätzliche Zeit mit Freizeitaktivitäten verbringen zu können.

10   Bei gemeinsamen Arbeitsaufgaben versuche ich im Allgemeinen,

☐   nicht mehr zu arbeiten als andere Personen auch.

☐   ungeachtet anderer Personen mein Bestes zu geben.

11   Wenn ich mein zurückliegendes Leben betrachte, habe ich

☐   eher wenig Einfluss darauf genommen, wie sich mein Leben entwickelt hat.

☐   in wichtigen Phasen eher selbst bestimmt, wie es weitergegangen ist.

12   Was das berufliche Ansehen eines Menschen betrifft, finde ich, dass

☐   jede/r das erreicht, was sie oder er sich selbst erarbeitet hat.

☐   viel von Glück und günstigen Umständen abhängig ist.

13   Wenn ich in wichtigen Angelegenheiten eine Entscheidung treffen muss,

☐   frage ich Freunde und vertraute Personen, was sie wohl tun würden.

☐   vertraue ich meinem eigenen Urteil, was das richtige Vorgehen ist.

14   Um Erfolg im Leben zu haben, muss man meistens

☐   zum richtigen Zeitpunkt gute Chancen geboten bekommen.

☐   hart arbeiten, weil einem der Erfolg nicht von selbst in den Schoß fällt.

15 Negative Erfahrungen, die man macht, sind eher

☐ das Ergebnis eigener Unfähigkeit oder Inkompetenz.

☐ unvermeidbar oder müssen notgedrungen hingenommen werden.

16 Arbeitsfreude

☐ ist eine stets bei mir vorhandene Antriebskraft.

☐ hängt bei mir von konkreten Aufgaben ab.

17 Nach einem langem Arbeitstag

☐ habe ich noch Schwung, um mich anderen Aufgaben widmen zu können.

☐ reicht mein Schwung allenfalls noch für Muse und Beschaulichkeit aus.

18 Nach längeren Arbeitseinsätzen fällt es mir eher

☐ schwer, noch zusätzliche Kraftreserven zu mobilisieren.

☐ leicht, nicht zusätzliche Kraftreserven zu mobilisieren.

19 Wenn ich aufstehe,

☐ brauche ich zumeist eine Weile, um mich fit zu fühlen.

☐ brauche ich kaum Anlaufzeit, um mich fit zu fühlen.

20 In meiner Freizeit

☐ ruhe ich mich lieber aus.

☐ bin ich lieber aktiv.

21 Arbeitskontakte mit anderen Menschen sind für mich befriedigender,

☐ wenn die Interessen aller Beteiligten berücksichtigt werden.

☐ wenn ich gelegentlich auch eigene Interessen durchsetzen kann.

☐ wenn ich meine Interessen in allen Belangen durchsetzen kann.

22 Bei Auseinandersetzungen mit anderen Personen versuche ich eher

☐ einen für alle akzeptablen Kompromiss zu finden.

☐ einen für mich vorteilhaften Kompromiss zu finden.

☐ unabhängig von anderen möglichst viel für mich heraus zu holen.

23 Ich finde Menschen interessanter,

☐ die es darauf anlegen, den Löwenanteil für sich selbst zu beanspruchen.

☐ die anderen Menschen gegenüber auch mal eigene Ansprüche vertreten können.

☐ die anderen Menschen gegenüber neidlos Zugeständnisse machen können.

24 Personen, die beruflich ähnlich ambitioniert sind wie ich

☐ setzen bei der Zusammenarbeit zumeist ihre eigenen Vorstellungen durch.

☐ setzen bei der Zusammenarbeit gelegentlich ihre eigenen Vorstellungen durch.

☐ arbeiten mit anderen stets ohne Konflikte über unterschiedliche Ansichten zusammen.

25 In Verhandlungen bin ich

☐ stets zu Zugeständnissen bereit, wenn dies einer raschen Einigung dient.

☐ manchmal unnachgiebig, auch wenn dies eine rasche Einigung erschwert.

☐ selten kompromissbereit, auch wenn die Verhandlung zu scheitern droht.

26 Bei Dingen, die mir wichtig erscheinen,

☐ probiere ich gerne etwas Neues aus.

☐ greife ich gerne auf Bewährtes zurück.

27 Wenn ich mir etwas vornehme,

☐ weiß ich gerne, woran ich bin.

☐ macht es mir nichts aus, Überraschungen zu erleben.

28 Im Urlaub reise ich lieber dorthin,

☐ wo ich bisher noch nicht gewesen bin.

☐ wo es mir bisher am besten gefallen hat.

29 Unverhofft auftretende Ereignisse empfinde ich als

☐ eher störend.

☐ eher willkommen.

30 Ich bevorzuge Feste, bei denen ich die meisten Gäste

☐ schon kenne.

☐ noch nicht kenne.

Auswertung:

Die Testfragen 1-5 messen **Problemlöseorientierung**. Personen mit hohen Testwerten sind Problemen und neuartigen Aufgabenanforderungen positiv gegenüber eingestellt und trauen sich zu, diese mit analytischen Herangehensweisen zu bewältigen. Testpunkte gibt es für die Antworten **1a, 2a, 3b, 4b, 5a**.

Die Testfragen 6-10 messen **Leistungsmotivstärke**. Personen mit hohen Testwerten suchen sich interessante und herausfordernde Aufgaben und schöpfen Befriedigung aus der Leistung, die sie erbringen müssen, um Aufgaben erfolgreich beenden zu können. Testpunkte gibt es für die Antworten **6b, 7b, 8b, 9a, 10b**.

Die Testfragen 11-15 messen **Internale Kontrollüberzeugung**. Personen mit hohen Testwerten betrachten sich als Initiatoren und sind der Ansicht,

Kontrolle über sich und ihr Arbeitsumfeld zu haben. Testpunkt gibt für die Antworten **11b, 12a, 13b, 14b, 15a.**

Die Testfragen 16-20 messen **Antriebsstärke.** Personen mit hohen Testwerten können als «kraftvoll», «energiegeladen», «arbeitsfreudig», «vital» und «unternehmungslustig» beschrieben werden. Testpunkte gibt es für die Antworten **16a, 17a, 18b, 19b, 20b.**

Die Testfragen 21-26 messen **Durchsetzungsbereitschaft**. Da Personen die Fähigkeit und Bereitschaft haben müssen, ihre Ziele und Interessen in sozial annehmbarer Weise durchzusetzen, gibt es Testpunkte für eine mittlere, gemäßigte Ausprägung, also für die Antworten **21b, 22b, 23b, 24b, 25b.**

Die Testfragen 26-30 messen **Ungewissheitstoleranz**. Personen mit hohen Testwerten kommen gut mit Situationen klar, die wenig reglementiert oder strukturiert sind und individuell ausgestaltet werden können. Testpunkte gibt es für **26a, 27b, 28a, 29b, 30b.**

Ein Gesamttestergebnis von **24 Punkten und mehr** würde für sehr gute Eigenschaftsvoraussetzungen sprechen, sich selbst führen zu können.

Bei einem Gesamttestergebnis **zwischen 15 und 23 Punkten** wäre empfehlenswert, sich in Bereichen selbst zu führen, in denen man auf vorhandenen Stärken aufbauen kann.

Bei einem Testergebnis von **14 Punkten und weniger** wären die Eigenschaftsvoraussetzungen für Selbstführung weniger günstig. Hier wünscht man sich eher, von anderen Personen, klaren Regeln oder eindeutigen Aufgabenbeschreibungen angeleitet zu werden.

Zu den Möglichkeiten, die innere Transparenz über eigene Fähigkeitspotenziale zu steigern, gehört auch die von Drucker (1999) beschriebene *Feedback-Analyse*. Sie kann in Eigenregie durchgeführt werden und ebenfalls wertvolle Einsichten liefern. Als Tests dienen Entscheidungen oder Projekte, die eine Herausforderung für das eigene Können darstellen. Um Erkenntnisse über vorhandene Stärken zu gewinnen, muss zunächst prognostiziert und protokolliert werden, zu welchen Konsequenzen oder Ergebnissen die betreffenden Entscheidungen oder Projekte mutmaßlich führen werden. Liegen sechs bis zwölf Monate später konkrete Resultate vor, werden diese mit den schriftlich fixierten Vorhersagen verglichen. Zeigt sich, dass prognostizierte und tatsächliche Resultate relativ nah beieinander liegen, lässt sich auf vorhandene Fähigkeiten zur Bewältigung entsprechender Entscheidungssituationen oder Projektaufgaben schließen. Bei Fehleinschätzungen ist die Zuschreibung weniger eindeutig. Ob in diesem Fall auf vorhandene Schwächen geschlossen werden muss oder ob nicht etwa andere Gründe bessere Leistungen verhindert haben, kann mittels Feedback-Analyse allein nicht abschließend geklärt werden. Dies berührt auch die nicht weniger wichtige Frage, ob Spitzenleistungen, die mit vorhandenen Fähigkeiten erreicht werden, tatsächlich der Vorstellung eines erfüllten Berufslebens entsprechen. Für mehr innere Transparenz im Hinblick auf grundlegende Bedürfnisse oder implizite Motive ist es zumeist erforderlich, zusätzlich noch andere Informationsquellen zu nutzen, projektive Tests zum Beispiel, die durch szenische Darstellungen, Bilder oder Sinnsprüche den Zugang zu Ideen und Themen eröffnen, die intuitiv berühren, ansprechend wirken oder durch spontane Anmutungen attraktiv erscheinen (vgl. Storch & Krause, 2005).

Für Unternehmen und Organisationen kann eine Verbesserung innerer Transparenz immer dann bedeutsam sein, wenn Mitarbeiter und Führungskräfte nicht nur fachlich und tätigkeitsspezifisch qualifiziert, sondern auch funktionsübergreifend gefördert und in ihrer Persönlichkeit weiter entwickelt werden sollen. In diesem Fall empfiehlt sich, Organisationsmitgliedern Gelegenheiten zu bieten, bei denen sie zu realistischen Selbsteinschätzungen gelangen und begründete Rückmeldungen über vorhandene Potenziale erhalten, deren Ausschöpfung ein weiteres berufliches und persönliches Wachstum ermöglicht. Diagnose- und Feedbackmethoden sollten dazu in Auswahlverfahren, Beurteilungssystemen und Personalentwicklungskonzepten einen festen Platz erhalten, da ihr Beitrag zur Selbst- und Beziehungsklärung in Organisationen nachgewiesenermaßen profund ist (vgl. Hossiep & Mühlhaus, 2005).

Kurz überprüft: Wie stark um innere Transparenz bemüht?

- Wenn ich feststelle, dass mir Tätigkeiten liegen, baue ich die hierfür notwendigen Fähigkeiten weiter aus. ☐

- Wenn ich den Eindruck habe, Tätigkeiten liegen mir nicht, wende ich mich anderen Tätigkeiten zu. ☐

- Manchmal übernehme ich nur deshalb Aufgaben, um auszutesten, was ich sonst noch kann. ☐

- Es gelingt mir häufig, das, was ich will, mit dem, was ich kann, in Einklang zu bringen. ☐

- Ich vermag relativ gut einzuschätzen, wann, wie und wo meine Talente am besten zur Geltung kommen. ☐

- Ich strenge mich mehr an, eigene Stärken auszubauen als vorhandene Schwächen abzubauen. ☐

- Meine Fähigkeiten zeigen sich nicht nur darin, was ich tue, sondern auch darin, wie ich etwas tue. ☐

2.1.3
Selbstbestimmung von Berufs- und Arbeitszielen

Selbstbestimmung bei der Identifizierung, Wahl, Formulierung und Verfolgung von Berufs- und Arbeitszielen ist Teil motivationaler Selbstführung (vgl. auch Martens & Kuhl, 2004). Motivationale Selbstführung vermag dem eigenen Handeln notwendige Startimpulse, eine wünschenswerte Ausrichtung und hinreichende Kontinuität zu geben.

Startimpulse können zum einen von Bedürfnissen nach Autonomie, Unabhängigkeit, individueller Entfaltung und persönlichem Wachstum ausgehen, die zu den zeitstabilen Antriebskräften von Personen gehören. Weitere berufsrelevante Antriebskräfte können Bedürfnisse nach Sicherheit, Kontakt oder Anerkennung sein. Überdies Motive, die wie das Affiliations-, Leistungs- und Machtmotiv schon früh im Elternhaus geprägt werden, und allgemeine Berufsorientierungen, zu denen ein Engagement in alternativen Berufsfeldern, das Interesse an einer Führungskarriere, eine auf Freizeit fixierte Schonhaltung oder unternehmerische Ambitionen gehören. Aufgrund ihrer zumeist längeren Entstehungsgeschichte sind Ausprägungen dieser Bedürfnisse, Motive und Orientierungen kurz- und mittelfristig nur schwer veränderbar. Dennoch oder gerade deshalb ist es für Personen wichtig, sich dieser Tatsache bewusst zu sein und durch eine Verbesserung innerer Transparenz (s. o.) die oft unbewussten Beweggründe des eigenen Handelns (er)kennen zu lernen.

Motivation entsteht nicht nur aus einer allgemeinen Bedürfnis-, Motiv-, oder Orientierungslage heraus. Von Bedeutung sind stets auch Bedingungen und

Anreize der jeweiligen Handlungssituation. Situative Bedingungen können so geartet sein, dass sie vorhandene Bedürfnisse, Motive oder Orientierungen ansprechen. In diesem Fall sind Personen stärker motiviert, ihren Bedürfnissen, Motiven oder Orientierungen gemäß zu handeln, als wenn sie sich in einer Situation befinden, in der ein ihren Neigungen entsprechendes Verhalten unangemessen wäre oder als störend empfunden würde. Situationsbedingungen lassen sich oft leichter verändern als dispositionelle Beweggründe des Handelns. Sich zu motivieren, die Initiative zu ergreifen, fällt daher z. B. leichter, wenn Aufgaben oder Tätigkeitsfelder aufgesucht werden, die entweder bereits bedürfnis-, motiv- oder orientierungsgerecht gestaltet sind oder Optionen zu einer entsprechenden Ausgestaltung besitzen.

Um innere Transparenz über eigene Bedürfnisse, Motive und Orientierungen zu erlangen, kann es sinnvoll sein, über Introspektion und Selbstbeobachtung hinaus bei konkreten Anlässen oder regelmäßig die Unterstützung eines psychologischen Coachs in Anspruch zu nehmen. Externe Rückmeldung erleichtert es zumeist, «blinde Flecken» zu entdecken bzw. das, was dahinter verborgen ist, bewusst zu machen und zu bearbeiten. Auch kann ein Coach Hilfestellung geben, ambivalente Haltungen auszuleuchten oder innere Widerstände zu überwinden, die einer Befriedigung grundlegender Bedürfnisse und Motive im Wege stehen (vgl. Klein, 2003). Ein erster Schritt, kongruenter und mehr in Einklang mit sich selbst zu handeln, besteht zumeist darin, sich in Berufssituationen nicht nur von rationalen Erwägungen, sondern auch von intuitiven Impulsen leiten zu lassen. Intuitive Anmutungen gehen nicht selten auf unbewusste Beweggründe (s.o.) zurück, so dass ihre Beachtung die Wahrnehmung für intrinsische Anreize des eigenen Handelns schärft. Auch gelingt es Personen auf diese Weise zumeist, rascher und nachdrücklicher zu (re)agieren und ein Verhalten zu zeigen, das auch anderen Personen überzeugender und authentischer erscheint.

Über Startimpulse des Handelns hinaus muss dem Handeln auch eine wünschenswerte und klare *Ausrichtung* gegeben werden. Dies kann dadurch geschehen, dass man sich eigene Ziele setzt. Positive Wirkungen einer Zielsetzung auf die Anstrengungsbereitschaft und Leistung von Personen sind in der motivationspsychologischen Forschung durch zahlreiche Untersuchungsergebnisse hinreichend belegt (vgl. Locke & Latham, 2002). Die für vorgegebene Ziele gefundenen Effekte können dabei auch auf selbst gesetzte Ziele übertragen werden (vgl. Wegge, 2003). Anstrengungsbereitschaft und Leistung von Personen variieren in Abhängigkeit davon, wie «SMART», «PURE» und «CLEAR» selbst gesetzte Ziele formuliert sind. «SMART», «PURE» und «CLEAR» sind Akronyme, die aus den Anfangsbuchstaben bestimmter Zielmerkmale zusammengesetzt sind und

Beispiel aus der Coaching-Praxis:

Ein erfolgreicher Vertriebsmanager investiert viel Kraft und Energie in seinen Beruf. Er hat eine viel versprechende Karriere vor sich und wird darin sowohl von der Organisation als auch von seiner Familie unterstützt. Trotzdem bemerkt er, gegen immer größere innere Widerstände angehen zu müssen, und sucht daher den Kontakt zu einem Coach. Eine gemeinsame Klärung des Kernkonflikts erfolgt entlang folgender Fragen:

- Welche vordergründigen Motive und Beweggründe prägen die berufliche Situation?
- Wie weit stimmen diese mit eher unterschwelligen Wünschen und Bedürfnissen überein?
- Was macht es schwer, gegen Erwartungen von außen zu handeln?
- Wie stark wird motivationale Selbstbestimmung beruflich ermöglicht bzw. verhindert?
- Welches Verhältnis besteht zwischen Bedürfnissen und konkreten Verhaltenszielen?
- Wie könnten berufliche Tätigkeiten und individuelle Bedürfnisse in Einklang gebracht werden?

Introspektion und Coaching lokalisieren den Kernkonflikt in einem stark ausgeprägten, durch die Zwänge eines renditegeprägten Berufs jedoch weitgehend unterdrückten Affiliationsmotiv. Die Klärung und Aufarbeitung dieses Konflikts führt zu einer beruflichen Neuausrichtung, die ebenfalls sehr erfolgreich verläuft und zudem größere persönliche Erfüllung mit sich bringt.

beschreiben, was individuellem Handeln Antriebskraft verleiht. Der Anreiz von Zielen ist umso größer, je konkreter (*Specific*), messbarer (*Measurable*), erreichbarer (*Attainable*), realistischer (*Realistic*) und zeitlich unterteilter (*Time-phased*) diese formuliert sind. Auch motivieren Ziele mehr, wenn sie positiv und verständlich abgefasst werden (*Positively stated*, *Understood*) sowie persönlich bedeutsam und integer erscheinen (*Relevant*, *Ethical*). Leistungssteigernd wirkt überdies, wenn Ziele herausfordernd (*Challenging*), rechtlich unbedenklich (*Legal*), für das berufliche und außerberufliche Umfeld verträglich (*Environmental sound*), selbstverpflichtend (*Agreed*) und dokumentierbar (*Recorded*) sind. Anreizstarke Ziele besitzen zudem eine überschaubare Zeitperspektive und sind mit klaren Vorstellungen verbunden, welche sinnlich wahrnehmbaren Merkmale die mit ihnen verbundenen Ergebnisse haben. Auch die Passung von selbstgesetzten Zielen und einer persönlichen Bereicherung durch Verfolgung dieser Ziele können motivierend wirken. Passung weisen Ziele auf, wenn sie sich stimmig in individuelle Berufs- oder Lebensentwürfe einfügen. Als bereichernd werden sie erlebt, wenn sie dazu beitragen, neues Wissen zu erwerben, vorhandene Kompetenzen zu stärken oder das eigene Verhaltensrepertoire zu erweitern.

Übung zur Demonstration der motivierenden Wirkung von Zielsetzungen (nach Feldenkrais, 1977)

Man positioniere sich locker und entspannt mit leicht gespreizten Beinen an einer Stelle, wo man nach allen Seiten mindestens eine Armlänge Platz hat. Den rechten Arm (bei Linkshändern den linken Arm) gestreckt auf Schulterhöhe anheben, Daumen nach oben. Sich nun um die eigene Körperachse drehen (Rechtshänder nach rechts, Linkshänder nach links), ohne die Position der Füße zu verändern. Den Körper soweit als möglich drehen und über dem Daumen hinweg den Punkt im Umfeld anpeilen, an der man nicht mehr weiterkommt. Sich den betreffenden Punkt einprägen und zur Ausgangsposition zurückkehren. Die Körperhaltung kurz lockern. In der Ausgangsposition stehen bleiben, die Augen schließen und sich vornehmen, bei der erneuten Durchführung der Übung über den Punkt hinaus zu kommen, an dem man zuvor stehen geblieben ist. Dazu gedanklich den Punkt des Umfelds imaginieren, bis zu dem man gekommen ist, und sich in der Vorstellung weiter darüber hinaus drehen. Eine klare Vorstellung von diesem Ziel entwickeln. Danach die Übung wiederholen. Im Allgemeinen gelingt es nun, sich weiter um die Körperachse zu drehen als zuvor.

Die Zielformulierung ist ein wichtiger Bestandteil der Handlungsplanung. Nicht weniger wichtig ist zudem jedoch, konkrete Vorstellungen von *Mitteln* zu entwickeln, die für eine Realisierung von Zielen benötigt werden. Hierbei lässt sich auf motivierende Wirkungen bauen, die von Selbstwirksamkeitsüberzeugungen ausgehen (Bandura, 1997). Ein Reflektieren und Sich-Vergewissern persönlicher Ressourcen (Fähigkeiten, Kompetenzen, Wissen, materielle Möglichkeiten) und die

Vergegenwärtigung von Situationen, in denen man persönliche Ressourcen bereits erfolgreich eingesetzt hat, können Zuversicht und Selbstvertrauen stärken. Von der eigenen Wirksamkeit überzeugt zu sein, trägt nicht nur dazu bei, die Initiative zu ergreifen und zielgerichtete Handlungen auszuführen. An den Erfolg versprechenden Einsatz persönlicher Ressourcen zu glauben, steigert auch das Durchhaltevermögen, wenn Ereignisse eintreten, die eine Zielverfolgung behindern.

Zu den Strategien, speziell längerfristige Ziele zu erreichen gehört, Ziele geeignet zu fragmentieren. Indem überschaubare Zwischenziele definiert werden, ist eine effektive Kontrolle möglich, ob bisherige Handlungen und Anstrengungen tatsächlich Fortschritte in der gewünschten Richtung erbracht haben. Regelmäßige und zuverlässige Rückmeldungen erleichtern eine erfolgreiche Planung und Ausführung von Verhaltensweisen. Im beruflichen Alltag und beim täglichen Umgang mit Aufgabenanforderungen zeichnen sich Rückmeldungen aus dem Umfeld jedoch oft dadurch aus, dass sie unsystematisch, kursorisch, unpräzise oder unvollständig sind. Nicht selten werden sie auch stark verzögert und mit großem Zeitabstand gegeben. Zudem können sie selektiv oder interessengeleitet sein. Selbstführung impliziert ein Bewusstsein für solche Unzulänglichkeiten. Personen legen sich deshalb in eigener Regie darauf fest, welche Zwischenziele sinnvoll erscheinen. Überdies entwickeln sie Vorstellungen, an welchen Kriterien sie das Erreichen von Zwischenzielen ablesen möchten und wie sie selbst Erfolge ihrer Handlungen bewerten können. Sie sind auf diese Weise weniger abhängig von Rückmeldungen des Umfelds und haben es in der eigenen Hand, sich die Informationen zu beschaffen, die sie benötigen, um eingeschlagene Wege weiter verfolgen oder rechtzeitig umsteuern zu können, wenn Zwischenziele verfehlt worden sind.

Eine weitere Strategie, die Personen hilft, längerfristige Ziele zu erreichen, ist die Selbstverstärkung zielführender Verhaltensweisen. Von Manz und Neck (1999) wird empfohlen, eigene Aktivitäten möglichst umfassend und differenziert zu beobachten und nach natürlichen Belohnungen zu suchen, die aus diesen Aktivitäten resultieren. Nach Gallwey (2002) gelingt dies umso besser, je mehr darauf fokussiert wird, was bei der Ausführung von Handlungen tatsächlich geschieht. Eine unverstellte und ungeteilte Aufmerksamkeit erleichtert den Zugang zum Extensionsgedächtnis, in dem die Fülle persönlicher Lebenserfahrungen gespeichert ist (Martens & Kuhl, 2004). Aus der Vielzahl dort verfügbarer Assoziationen können sehr oft ansprechende und intrinsisch motivierende Facetten zielführender Verhaltensweisen entdeckt werden. Um das eigene Verhalten auf Kurs zu halten, empfehlen Manz und Neck (1999) weiterhin, sich für erfolgreiches Verhalten selbst zu belohnen oder bewusst auf eine Belohnung zu verzichten, wenn Richtung und Resultat von Verhaltensweisen nicht den eigenen

Vorstellungen entsprochen haben. Unregelmäßige Selbstverstärkung ist dabei wirksamer als regelmäßige, da sie bei längerfristigen Zielen dazu beiträgt, die Anstrengungsbereitschaft aufrecht zu erhalten.

Zielsetzung bzw. Zielvereinbarung gehört zu den Standardthemen personalpsychologischer Forschung und Anwendung. Ihre Bedeutung, die Leistungsbereitschaft von Beschäftigten zu fördern, ist empirisch belegt (Schuler, 2004). Ebenso ihr Wert für eine Effektivierung von Personalbeurteilungssystemen und erfolgreiche Unternehmensführung (Schmidt & Kleinbeck, 2006). Im Rahmen von Zielvereinbarungen haben Mitarbeiter zwar die Möglichkeit, eigene Vorstellungen zu äußern und individuelle Ansprüche zu formulieren. Bei Planvorgaben der Organisation oder Produktivitätsstandards, deren Einhaltung Priorität im Unternehmen besitzt, haben Mitarbeiter und Führungskräfte jedoch zumeist nicht allzu viele Optionen, auf eine bedürfnisgerechte Gestaltung von Arbeits- und Leistungszielen hinzuwirken. Obwohl Zielvereinbarungssysteme im Prinzip ein gewisses Selbstmotivierungspotenzial besitzen, herrschen bei ihrer Anwendung in der betrieblichen Praxis oftmals Fremdmotivierung und Management «by numbers» vor. Dieser Aspekt wird nochmals aufgegriffen (s. u. «Selbstführungsgerechte Organisationsgestaltung»). Es existieren inzwischen alternative Systeme mit größeren Selbstbestimmungsanteilen, auch was die Formulierung konkreter Leistungsziele betrifft. Ihr Erfolg unterstreicht die Wirkung von Selbstmotivierungsprozessen und ist daher in besonderer Weise auch personalpsychologisch interessant.

Kurz überprüft: Wie sieht es mit selbstbestimmten Berufs- und Arbeitsziele aus?

- Bei wichtigen beruflichen Entscheidungen achte ich auch darauf, was mir meine Intuition eingibt. ☐

- Selbst wenn ich nach fremden Vorgaben arbeite, behalte ich meine eigenen Arbeitsziele im Auge. ☐

- Leistungsziele, die ich mir selbst setze, sind anspruchsvoll, aber auch realistisch. ☐

- Ziele, die ich beruflich oder bei meiner Tätigkeit verfolge, bringen mich auch persönlich voran. ☐

- Bei längerfristigen Berufs- und Karrierezielen lege ich verbindliche Zwischenziele fest. ☐

- Selbst unattraktiven Tätigkeiten vermag ich interessante Seiten abzugewinnen.   ☐

- Wenn ich Arbeitsaufgaben erfolgreich erledigt habe, belohne ich mich hin und wieder dafür.   ☐

2.1.4
Aktivierung, Stärkung und Fokussierung von Willenskraft

Selbst gesetzte Ziele zu verfolgen oder dauerhafte Veränderungen des eigenen Arbeitsverhaltens zu erreichen, ist zumeist mit Mühe und Anstrengungen verbunden. Nicht selten wird zielgerichtetes Handeln als belastend und der Rückfall in alte Verhaltensroutinen als frustrierend erlebt. Angestrebte Ziele können, auch wenn sie attraktiv erscheinen, auf innere Vorbehalte stoßen und Verhaltensänderungen mögen, auch wenn sie gelingen, äußere Widerstände hervorrufen.

Aus eigener Erfahrung dürften die meisten Menschen wissen, wie leicht selbst ernste und feste Absichten, dem eigenen Arbeitsleben eine neue Richtung zu geben, an beruflichen und außerberuflichen Zwängen oder am Beharrungsvermögen alter Gewohnheiten scheitern können. Sogar vergleichsweise unspektakuläre Vorhaben wie den Alkohol- oder Nikotingenuss einzuschränken, Arbeitskollegen oder Mitarbeiter freundlicher zu behandeln, der eigenen Familie mehr Zeit zu widmen oder eingerostete Fremdsprachenkenntnisse aufzufrischen, werden in vielen Fällen vorzeitig abgebrochen, sobald Prioritätskonflikte auftauchen oder Erfolgserlebnisse auf sich warten lassen. In solchen Fällen können Personen davon profitieren, Strategien zu kennen und anzuwenden, mit denen sich eigene Willenskräfte aktivieren, stärken und auf die Verfolgung selbst gesetzter Ziele fokussieren lassen.

Grundsätzlich ist eine Aktivierung von Willenskräften erforderlich, wenn aus «noch unverbindlichen Wünschen» «unbedingtes Wollen» werden soll und konkretes Handeln ins Auge gefasst wird (s. o. «Rubikon-Modell»). Ein verstärkter Einsatz von Willenskräften ist zumeist erforderlich, wenn Personen beginnen, zielführend zu handeln, und hierbei auf Widerstände stoßen. Widerstände können in der eigenen Person liegen, wenn Ziele und geplante Vorhaben nicht oder nur teilweise selbstkongruent sind, impliziten Motiven widersprechen oder mit unzureichenden Fähigkeiten verfolgt werden (Kehr, 2005). Sie können aber auch situativ bedingt sein und mit Besonderheiten des beruflichen Umfelds zusammenhängen, die Handlungen blockieren und Fortschritte bei der Zielerreichung behindern.

Innere Vorbehalte und ambivalente Haltungen sind leichter zu überwinden, wenn Personen etwas für ihre Entschlussfreudigkeit tun. Als wirksame Strategie erweist sich, die Absicht, ein selbst gesetztes Ziel erreichen zu wollen, durch konkrete *Vorsatzbildung* zu flankieren (Gollwitzer, 1996). Vorsätze präzisieren Intentionen und lassen Ziele als realistischer, durchdachter und konkretisierbarer erscheinen. Das Infragestellen eines Ziels wird weniger wahrscheinlich und psychische Energien können auf die Ausführung konkreter Aktivitäten gerichtet werden. Wenn Personen Absichten mit spezifischen Durchführungskoordinaten versehen, fällt es auch weniger schwer, zielbezogene Handlungen zu initiieren. Ein Format, dessen Wirksamkeit empirisch belegt ist, besteht darin festzulegen, *wie* bzw. auf welche Weise, *wann* bzw. zu welchem Zeitpunkt, *wo* bzw. in welcher Situation und gegebenenfalls *mit wem* bzw. wessen Unterstützung ein beabsichtigtes Vorhaben in Angriff genommen werden soll (siehe **Abb. 8**).

Indem Personen Vorsätze fassen, legen sie sich auf eine bestimmte Durchführung von Handlungen fest, die den Vorteil hat, Willenskräfte zu bündeln und das Vorhaben gegen konkurrierende Bestrebungen abzuschirmen. Noch effektiver ist ein Format, bei dem Personen nicht nur Vorsätze zur Durchführung zielrelevanter Handlungen fassen, sondern darüber hinaus auch Vorsätze für den Umgang mit möglichen Handlungsblockaden formulieren. Solche Vorsätze beinhalten Durchführungskoordinaten, wie, wann, wo und gegebenenfalls mit wem mögliche Hindernisse überwunden werden könnten. Ein Teil dieser Vorsätze mag aus Formulierungen bestehen, wie sich widrige Umstände direkt bewältigen ließen («Überwinden»), ein zweiter Teil, wie zu erreichen wäre, dass widrige Umstände gar nicht erst auftreten («Vorbeugen»), ein dritter Teil, wie trotz widriger Umstände zielbezogen weitergehandelt werden könnte («Fortführung»). Für Absichten, einen gesünderen Lebensstil zu praktizieren, haben Stadler, Oettingen & Gollwitzer (2005) die Wirksamkeit dieses Formats empirisch überprüft und dessen Überlegenheit belegt. Durch kontrastierende Vorsatzbildung,

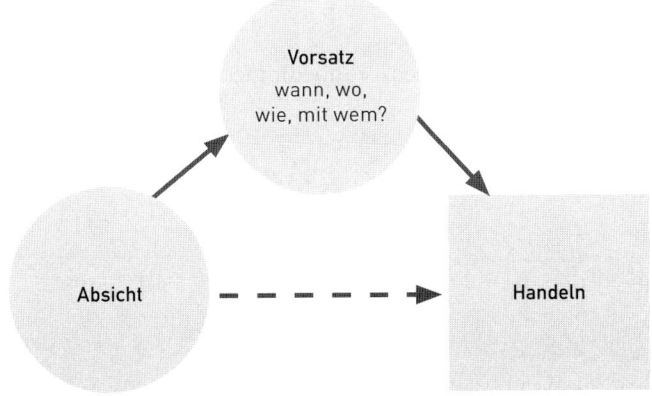

Abbildung 8: Vermittelnde Wirkung von Vorsatzbildung

bei der Personen zwischen der Vergegenwärtigung von Zielen und Absichten und der gedanklichen Simulation zielführender Aktivitäten und Strategien zur Überwindung auftretender Schwierigkeiten hin und her pendeln, lässt sich den Untersuchungsergebnissen zufolge ein weit effektiverer Einsatz von Willenskräften erreichen als dies durch bloße Absichtsbildung und Vergegenwärtigung von Zielen und Maßnahmen allein möglich zu sein scheint.

Übung zur Aktivierung von Willenskräften:

- An ein berufliches Vorhaben, Projekt, Problem oder Ziel denken, das man demnächst in Angriff nehmen möchte.

- Sich vorstellen, man hätte das Vorhaben bereits realisiert – was würde man dabei empfinden? Sich gedanklich ausmalen, wie man sich freuen würde, wie stolz man wäre und wie zufrieden das Ergebnis machen würde.

- Mental durchspielen, auf welche Weise und in welchen Teilschritten man das Vorhaben angehen und das ins Auge gefasste Ziel erreichen würde. Für jedes sinnvoll und notwendig erscheinende Teilziel ein passendes Bild abrufen und dieses mit dem guten Gefühl, einen Schritt weiter gekommen zu sein, verbinden.

- Sich vergegenwärtigen, welche Kenntnisse, Fertigkeiten, Strategien und Hilfsmittel für die Realisierung von Teilschritten benötigt würden und wie sicherzustellen wäre, über entsprechende Ressourcen zu verfügen. In der Vorstellung erleben, wie gut es einem ginge, wenn man Schritt für Schritt vorangekommen und erfolgreich gewesen ist.

- Nun an mögliche Schwierigkeiten denken und sich vorstellen, auf welche Weise und mit welchen Mitteln diese zu bewältigen wären. Von welcher Art könnten Hindernisse sein und in welcher Phase des Vorhabens könnten sie auftreten? Was würde notwendig sein, um erfolgreich dagegen vorgehen zu können und wie würde es sich anfühlen, mögliche Schwierigkeiten Stück für Stück aus dem Weg geräumt zu haben?

- Sich abschließend einen konkreten Aktionsplan zurechtlegen, aus dem hervorgeht, wann man was auf welche Weise und gegebenenfalls mit wem zusammen tun und erledigen wird. Dabei immer wieder reflektieren, wie es einem geht, wenn man Schritt für Schritt vorankommt. Sich von Teilerfolgserlebnissen für das weitere Vorgehen inspirieren lassen und alle Phasen auf dem Weg zum Ziel möglichst realitätsnah durchdenken.

Eine weitere Strategie, den Einsatz von Willenskräften zu verstärken, besteht darin, Resistenz gegenüber kurzfristig belohnenden Ablenkungen aufzubauen und die längerfristigen Vorteile selbst gesetzter Ziele ins Auge zu fassen, so dass Versuchungen kurzfristiger Verlockungen weniger attraktiv erscheinen. Durch Anwendung dieser Strategie kann besser mit aktuellen Belastungen umgegangen werden, die eine Überwindung von Handlungsbarrieren oder Bewältigung von Veränderungswiderständen nach sich ziehen würden (Mühe, Aufwand, entgangene Belohnungen). Wenn Personen möglichst realitätsnah imaginieren, welche größeren Erträge längerfristig zu erwarten sind, können sie zusätzliche Anstrengungen und mögliche Frustrationen besser verkraften und insgesamt gelassener mit unerwarteten Rückschlägen umgehen. Resistenz gegenüber kurzfristig belohnenden Ablenkungen muss allerdings nicht immer von Vorteil sein. Gerät sie zum Selbstzweck, kehren sich ihre positiven Wirkungen nicht selten um. Spontanen Eingebungen nachzugehen oder aktuellen Verlockungen zu erliegen, muss nicht zwangsläufig den «eigentlichen» Zielen und Bedürfnissen von Personen entgegenstehen. Spontanreaktionen können auch Signale und Hinweise enthalten, mit denen sich innere Vorbehalte oder grundlegendere Bedürfnisse «melden». In diesem Fall hätten sie eine wichtige regulierende Funktion, so dass gelegentliches Nachgeben letztlich vorteilhafter als permanenter Verzicht erscheinen mag.

Ähnlich begründbar ist eine Strategie, die auf Vermeidung und Abbau von Überkontrolle abzielt (Kehr, 2002). Mehr Kontrolle über eigene psychische Prozesse und Verhaltensweisen zu gewinnen, ist ein wichtiger Bestandteil von Selbstführung. Überkontrolle jedoch wäre kein Ziel, auf das Selbstführung hinauslaufen sollte. Überkontrolle beschreibt die Neigung von Personen, Erwartungen und Anforderungen selbst dann noch erfüllen zu wollen, wenn dies eigenen Zielen, Bedürfnissen und Möglichkeiten widerspricht. Bei Managern ist solch eine Neigung besonders oft zu beobachten. Überkontrolle bildet sich zumeist aus recht unspektakulären Anfängen heraus: Ein erstes Symptom ist, dass sich Manager immer stärker im Beruf engagieren und Sozialkontakte, Familienaktivitäten und andere Bereiche des Privatlebens vernachlässigen. Im Beruf selbst ziehen sie sodann immer mehr Verantwortung an sich und häufen eine Vielzahl von Aufgaben an, die sie zudem im Detail planen und nicht aus der Hand geben möchten. Mit anfänglichen Erfolgen steigen die Ansprüche an die eigene Person, aber auch die Ansprüche von Arbeitspartnern, so dass der Druck zunimmt und immer mehr Willenskraft aufgewendet werden muss, um mit allen Erwartungen Schritt halten zu können. Überkontrolle baut dauerhaft doppelte Barrieren auf, da zur Bewältigung einer steigenden Anzahl von Aufgaben die oft unbewusste Auseinandersetzung mit Bedürfnissen hinzukommt, die durch eine zu starke Fokussierung auf ein zunehmend forderenderes Arbeitsumfeld unterdrückt werden.

Wie bei der Verlockungsresistenz kann es daher auch bei Überkontrolle sinnvoll sein, gelegentlich spontanen Impulsen zu folgen und sich zurückzuziehen, vielleicht auch einmal bewusst treiben oder von gänzlich anderen Dingen ablenken zu lassen. Dies macht es subtilen Regungen und schwachen psychischen Signalen möglich, ins Bewusstsein zu dringen und Fragen aufzuwerfen, ob und in welchem Ausmaß man selbst noch hinter Erwartungen und Aufgaben steht, denen man nachkommen sollte. Manager lernen auf diese Weise, besser zu differenzieren und insbesondere auch einmal «nein» zu sagen, wenn Anforderungen ihre Fähigkeiten übersteigen oder ihren Bedürfnissen zuwiderlaufen würden. Innere Widerstände verweisen zumeist auf eine wenig ausgeprägte Passung zwischen geforderten Aufgaben einerseits und vorhandenen Neigungen und Kompetenzen andererseits und sind ihrerseits ebenfalls als Ressource nutzbar. Eine skeptische Grundeinstellung schützt in manchen Fällen vor hasardierenden Entscheidungen und regt dazu an, Alternativen zu prüfen, bevor endgültige Festlegungen und Zusagen erfolgen.

Im Gegensatz zur grundlagenwissenschaftlichen Untersuchung volitionaler Prozesse hat die Anwendung von Befunden der Willensforschung für berufliches Selbstmanagement und berufliche Selbstführung erst in neuerer Zeit eine gewisse Verbreitung gefunden (vgl. König & Kleinmann, 2006). Erkenntnisse über die Bedeutung und Regulierbarkeit von Willenskräften haben ihren Niederschlag in der Konzeption, Durchführung und Evaluation von Trainingsveranstaltungen gefunden, die Managern Wissen und Fertigkeiten vermitteln, wie sie berufliche Ziele mit ihren impliziten Motiven in Einklang bringen und durch Anwendung volitionaler Strategien Überkontrolle abbauen können (Kehr, 2005). Amerikanische Selbstführungsforscher haben Konzepte der Willensforschung und die aus ihnen ableitbaren Strategien bislang weitgehend ignoriert (Manz & Neck, 1999; Neck & Manz, 2007). Erst mit Erweiterungen amerikanischer Selbstführungskonzepte im deutschen Sprachbereich wurden volitionale Prozesse einbezogen und Möglichkeiten beschrieben, wie Personen Willenkräfte aktivieren, stärken und fokussieren können (Müller, 2003).

Kurz überprüft: Werden Willenskräfte bewusst gesteuert?

- Bei wichtigen Vorhaben plane ich möglichst genau, wann und wo ich erste Schritte unternehmen werde. ☐

- Von Vorsätzen, die ich fasse, bin ich selten abzubringen, selbst wenn mich äußere Umstände behindern sollten. ☐

- Aufgaben geben mir zu denken, wenn mich ihre Bewältigigung zunehmend innere Überwindung kostet. ☐

- Es fällt mir leicht, den Verlockungen angenehmer Arbeitsunterbrechungen zu widerstehen. ☐

- Wenn ich zu vielen Erwartungen und Anforderungen nachkommen soll, kann ich auch mal «nein» sagen. ☐

- Selbst wenn dies mit Frustrationen verbunden ist, halte ich an Zielen fest, die ich mir gesetzt habe. ☐

- Es kommt nicht häufig vor, dass ich Dinge tue, ohne dies wirklich zu wollen. ☐

2.1.5
Wissenserwerb, Steuerung von Denkprozessen und mentales Probehandeln

Wissenserwerb, Steuerung von Denkprozessen und mentales Probehandeln lassen sich unter dem Begriff der kognitiven Selbstführung (*thought self-leadership*, vgl. Neck & Manz, 1996) zusammenfassen. Den Strategien kognitiver Selbstführung liegen Erkenntnisse über Prinzipien, Prozesse und Besonderheiten menschlicher Informationsverarbeitung zugrunde. Ihre Anwendung impliziert, dass Personen von einer meta-kognitiven Ebene des Bewusstseins aus Einfluss auf operative Verstandestätigkeiten nehmen. Abbildung 9 zeigt verschiedene Domänen kognitiver Selbstführung im Überblick.

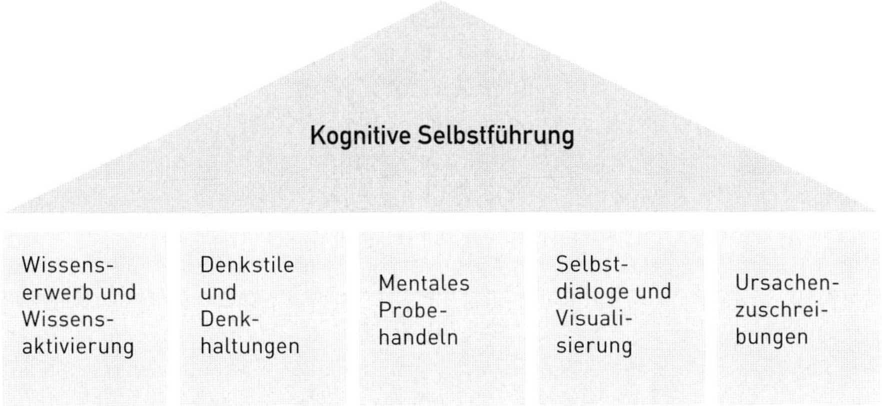

Kognitive Selbstführung

| Wissens-erwerb und Wissens-aktivierung | Denkstile und Denk-haltungen | Mentales Probe-handeln | Selbst-dialoge und Visuali-sierung | Ursachen-zuschrei-bungen |

Abbildung 9: Domänen kognitiver Selbstführung

Eine Domäne kognitiver Selbstführung ist der *Wissenserwerb* und die *Wissensaktivierung*. In der Wissenspsychologie wird zwischen Sach- und Handlungswissen bzw. deklarativem und prozeduralem Wissen unterschieden (vgl. Mandl & Spada, 1988). Sachwissen beinhaltet Fakten und Inhalte, Handlungswissen Prozeduren und Verfahrensweisen eines bestimmten Fachgebiets. Deklaratives Wissen umfasst Kenntnisse, welche Fakten und Inhalte für ein Fachgebiet relevant sind und wie diese bezeichnet und beschrieben werden. Prozedurales Wissen umfasst Kenntnisse, wie Techniken und Methoden eines Fachgebiets funktionieren und angewandt werden können. Sachwissen allein (etwa zu wissen, welche Informationen dieses Buch enthält) ist «träges» Wissen, solange nicht gleichzeitig auch konkretes Handlungswissen erworben wird oder vorhanden ist (Kenntnisse etwa, wie Informationen dieses Buchs zur gezielten Verbesserung des eigenen Arbeitslebens verwendet werden können). Erwerb und Aktivierung von Wissen, das handlungswirksam ist bzw. werden kann («Know-*how*»), wäre in besonderer Weise selbstführungsrelevant, zumindest dann, wenn man sich mit fachlichen Themen und Inhalten nicht nur rein intellektuell auseinandersetzen möchte. Allerdings reicht es bei der Aneignung von Handlungswissen ebenfalls nicht aus, dieses primär kognitiv zu verarbeiten. Hinzu muss vielmehr auch die aktive Auseinandersetzung mit Möglichkeiten kommen, das Wissen im Umgang mit konkreten Aufgaben und Tätigkeiten zu erproben und in Fertigkeiten zur Bewältigung beruflicher Anforderungen zu überführen. Die Aneignung, Aktivierung und kompetente Anwendung von Handlungswissen impliziert deshalb zumeist, Handlungen gegebenenfalls so oft zu wiederholen und intensiv einzuüben, bis deren Ausführung (mit mentaler Unterstützung, s. u.) möglichst fehlerfrei und mit wünschenswerter Zuverlässigkeit gelingt.

Aneignung und Aktivierung prozeduralen Wissens können durch bestimmte *Denkhaltungen* unterstützt, aber auch behindert werden. Neck und Manz (1992) unterscheiden zwischen «Chancen-Denken» (*opportunity thinking*) und «Hindernis-Denken» (*obstacle thinking*). Kennzeichnend für Hindernis-Denken ist, wenn Personen bevorzugt «Alles oder nichts»-Haltungen einnehmen, wenn sie negative Erfahrungen überbewerten und positive Erfahrungen abwerten, vor und während der Handlungsausführung eher Schwierigkeiten antizipieren, eine Affinität für Selbstwarnungen besitzen («kann nicht …», «darf nicht …», «sollte nicht …») und auf Lernanforderungen oder Notwendigkeiten einer Verhaltensänderung mit innerer Abwehr reagieren. Zum Chancen-Denken dagegen neigen Personen, wenn sie sich um eine differenzierte Urteilsbildung bemühen, wenn sie Probleme als Herausforderung und Schwierigkeiten als überwindbar betrachten, wenn sie über eine optimistische Grundhaltung verfügen und eigenen Fähigkeiten vertrauen, Veränderungen meistern und aus Fehlern lernen können. Die

Neigung zum Hindernis- oder Chancen-Denken korrespondiert mit einer eher pessimistischen oder optimistischen Denkhaltung bzw. ist in ihrer Wirkung weitgehend identisch, wenn sich Personen bewusst davon leiten lassen (vgl. Langens, 2004). Das Chancen-Denken wird von Neck und Manz (1992) als Haltung propagiert, die wünschenswertere Implikationen für kognitive Selbstführung besitzt. Dennoch ist unter bestimmten Bedingungen auch das Hindernis-Denken wertvoll, weil es Personen von einer selbst auferlegten Pflicht entbinden kann, zu hohe Ziele zu verfolgen oder unrealistische Ergebnisse erreichen zu müssen. Die Pflegedienstleiterin einer personell unterbesetzten Station mag sich so z. B. mit der Formulierung trösten «sicher werden meine Patienten wieder Ansprüche stellen, die kein Mensch erfüllen kann!» und ihre Aufmerksamkeit sodann auf das Machbare richten wie z. B. «ich tue das, was ich kann, das ist schon genug!».

Personen, die in Hindernissen denken, würden die meisten der folgenden Aussagen bejahen:

- Bei jedem Problem kann etwas schief gehen.
- Der Spatz in der Hand ist besser als die Taube auf dem Dach.
- Auf andere Menschen kann man sich zumeist nicht verlassen.
- Schwierigkeiten behindern einen nur.
- Die Welt ist voller Barrieren und Hindernisse.
- Nach sieben von 14 Tagen ist der Urlaub schon halb vorbei.
- Fehler sind Misserfolge eigener Anstrengungen.
- Glück ist, wenn alle Probleme gelöst erscheinen.
- Beruflich kann man froh sein, das zu sichern, was man erreicht hat.
- Vieles im Leben ist Schicksal oder das Ergebnis glücklicher Umstände

Personen, die in Chancen denken, würden die meisten der folgenden Aussagen bejahen:

- In jedem Problem steckt eine Möglichkeit, sich zu beweisen.
- Lohnende Gelegenheiten sind es wert, Risiken einzugehen.

- Jeder Mensch ist wertvoll auf die ihm eigene Weise.
- Schwierigkeiten bringen einen voran.
- Barrieren und Hindernisse sind dazu da, überwunden zu werden.
- Nach sieben von 14 Tagen habe ich Hälfte des Urlaubs noch vor mir.
- Fehler bieten Gelegenheiten, etwas zu lernen.
- Probleme sind das Salz in der Suppe des Lebens.
- Eher sich beruflich verändern als beruflich stagnieren.
- Vieles im Leben lässt sich durch eigenes Dazutun erreichen.

Denkhaltungen werden sehr oft durch Situationen mit Problemcharakter aktiviert und beeinflussen sodann, wie mit problemrelevanten Informationen umgegangen wird. Sie bestimmen mit, welche Informationen gesucht, berücksichtigt oder außer Acht gelassen werden und wie viele Informationen Personen insgesamt heranziehen, um sich ein Bild von der Problemlage, von möglichen Lösungen des Problems und von Schwierigkeiten bei der Problemlösung zu machen. Auswirkungen unterschiedlicher Denkhaltungen werden nicht selten erst auf der Ebene konkreter Handlungsaktivitäten bewusst, so dass es gelegentlich angezeigt erscheint, eigene Herangehensweisen meta-kognitiv zu reflektieren und zu überprüfen, ob ein Problem nicht vielleicht auch auf andere Weise gelöst werden kann. Gallwey (2002) schlägt in diesem Zusammenhang die Anwendung einer STOP-Strategie vor, die es Personen ermöglicht, Abstand zu ihren gerade aktivierten Denkprozessen zu gewinnen und die Angemessenheit der bisherigen Problembearbeitung zu beurteilen. STOP steht nicht nur für eine bewusste Unterbrechung von Denkprozessen, sondern – als Akronym – auch für die Art und Weise, wie diese Unterbrechung auszugestalten wäre. Man sollte mental oder auch physisch aus dem laufenden Geschehen heraustreten (Step back), von einer übergeordneten Warte aus betrachten und überlegen, wie man das Problem bisher angegangen ist (Think), eigene Gedanken gegebenenfalls neu ordnen (Organize thoughts) und sich mit einer unter Umständen besser angepassten Denkhaltung erneut dem Problem und seiner Lösung zuwenden (Proceed).

Bei der Neuordnung von Gedanken helfen innere Selbstdialoge und visuelle Vergegenwärtigungen (Neck & Manz, 2007). Werden Selbstdialoge konstruktiv geführt, wirken sie inspirierend und ermutigend. Ihr Einfluss, selbst irrationales oder selbstabwertendes Denken zu durchbrechen, ist belegt (Ellis, 1977). Gerade bei der Lösung schwieriger Probleme ist ein mentaler Mentor mit positiver Suggestivkraft oft nützlicher, als ein mentaler Zensor, der zu überkritischen oder abfälligen Kommentaren neigt. Visuelle Vergegenwärtigungen sind Bilder oder Szenarien, mit denen Lösungswege aus einer aktuellen Problemlage imaginiert oder geistig durchgespielt werden. Sie verbessern das allgemeine Problemverständnis und tragen dazu bei, den Ablauf einzelner Problemlösungsschritte besser planen und den Erfolg dieser Lösungsschritte besser abschätzen zu können. Der gezielte und systematische Einsatz visueller Vergegenwärtigungen unterstützt eine Problembewältigung, weil Auswahl, Ablauf und Ausrichtung von Problemlösestrategien szenisch bereits im Bewusstsein vorgebahnt sind. Allerdings fällt es Personen nicht immer leicht, mögliche Szenarien von Problemlösungen zu imaginieren und mental zu simulieren, wie konkrete Vorgehensweisen aussehen könnten und wie erfolgreich diese sein würden. Eine Möglichkeit, das Vorstellungsvermögen zu verbessern, hat der Organisationspsychologe Weick (1985) vorgeschlagen und mit «Futur-II-Denken» bezeichnet. Nach Weick haben Personen zumeist weniger Schwierigkeiten, Abläufe und Resultate von Handlungen oder Problemlösestrategien zu imaginieren, wenn sie sich gedanklich so weit in die Zukunft begeben, dass sie aus der Rückschau betrachten können, was sie auf welche Weise getan haben und wie erfolgreich sie dabei gewesen sind.

Selbstdialoge und visuelle Vergegenwärtigungen sind Bestandteile *mentalen Probehandelns*, das eine natürliche, sehr oft jedoch unbewusste Begleiterscheinung der psychischen Handlungsregulation ist. Um mentales Probehandeln gezielt und wirkungsvoll einsetzen zu können, müssen einzelne seiner Komponenten bewusst gemacht und in ihrer Ausführung trainiert werden. Gut geübtes mentales Probehandeln erleichtert den Erwerb neuer Wissensinhalte, die erfolgreiche Realisierung von Verhaltensänderungen und eine bessere Bewältigung schwieriger oder wenig vertrauter Arbeitstätigkeiten. Zudem beschleunigt es Lernvorgänge und reduziert Fehler, die bei der Ausführung neuer oder ungewohnter Handlungen hätten auftreten können. Studien an Sportlern belegen, dass mentales Probehandeln auch zu Leistungssteigerungen bei Verhaltensweisen beiträgt, die von Personen bereits gut und sicher beherrscht werden (Wörz & Theiner, 1999).

Übung zum mentalen Probehandeln
(nach Neck & Manz, 2007 – z. T. modifiziert und ergänzt):

Im *ersten Schritt* begibt man sich an einen Ort, wo man ruhig und ungestört eine Zeitlang verweilen kann. Dort wird eine bequeme Sitzhaltung eingenommen. Man lässt die Ruhe des Orts bewusst auf sich einwirken und schließt die Augen. Im *zweiten Schritt* wird ein körperlich entspannter Zustand angestrebt. Hierbei kann es hilfreich sein, autosuggestive Formeln zu verwenden (z. B. «mit einem tiefen Atemzug lockere ich meine Muskeln in den Beinen, Armen, Schultern …») oder ein Ruhe ausstrahlendes Motiv zu fantasieren (z. B. einen einsamen Strand, eine Lichtung im Wald, den Gipfel eines Berges). Ist es auf diese Weise gelungen, Alltagsgedanken auszublenden, wird die Aufmerksamkeit im *dritten Schritt* auf ein konkretes Anliegen gelenkt, bei dem man etwas Besonderes lernen oder leisten, eine störende Gewohnheit ändern oder mit schon vorhandenen Fertigkeiten bessere Resultate erzielen möchte. Der Prozess, eine Vorstellung von diesem Anliegen aufzubauen, wird im *vierten Schritt* von inneren Dialogen begleitet, in denen man positiv zu sich selbst spricht und mit aufmunternden Botschaften Zuversicht erzeugt, das betreffende Anliegen tatsächlich realisieren zu können. Der nächste Schritt erfordert, dass man sich gedanklich in die mit dem Anliegen verbundene Situation hinein begibt und diese innerlich erst einmal nur so betrachtet, wie sie einem erscheint, *bevor* die für das Anliegen kritische Phase beginnt. Dabei bleibt man konzentriert und entspannt und auf die jeweilige Situation fokussiert. Im *fünften Schritt* imaginiert man bildlich, auf welchem Weg das Anliegen erfolgreich umgesetzt werden kann. Einzelne Schritte eines möglichen Vorgehens werden mit lebhaften visuellen Vorstellungen verbunden und laufen wie ein Film vor dem geistigen Auge ab. Dabei ist wichtig, dass man sich selbst als Akteur imaginiert und nicht etwa nur als passiver Beobachter. Vorteilhaft ist außerdem, sich besonders wichtig erscheinende Teile des jeweiligen Vorgehens in einer Geschwindigkeit zu vergegenwärtigen, in der es auch in der Realität ablaufen würde. Dieser Schritt der Übung wird, gegebenenfalls mit Abwandlungen im Vorgehen, mehrmals wiederholt. *Im sechsten Schritt* betrachtet man das Vorgehen von einer weiter in der Zukunft liegenden Warte aus und belohnt sich – sofern die Eindrücke bei der gedanklichen Rückschau zufriedenstellend ausfallen – mit einem Lächeln oder innerem Auf-die-Schulter-klopfen. Danach öffnet man die Augen und beendet die Übung mit einem Gefühl der Zuversicht, das Anliegen in Angriff zu nehmen und zu einem erfolgreichen Abschluss zu bringen.

Selbst die allerbeste mentale Vorbereitung kann nicht garantieren, dass es zu einem erfolgreichen Abschluss geplanter Vorhaben kommt. Deshalb ist es für Personen auch wichtig und vorteilhaft, Strategien zu kennen, deren Anwendung eine konstruktive Verarbeitung von Misserfolgen ermöglicht. Der Umgang mit negativen Erfahrungen ist selbstführungsrelevant, weil mit Misserfolgen sowohl defensiv als auch offensiv umgegangen werden kann. Personen sind im Allgemeinen bestrebt, nach plausiblen Ursachen und für sie sinnvoll erscheinenden Erklärungen für Misserfolge zu suchen. Im Prinzip stehen ihnen hierfür mehrere Möglichkeiten zur Verfügung (vgl. Weiner, 1994; Vollmer, 1994). Misserfolge können zum einen entweder *internalen* oder *externalen* Ursachen zugeschrieben werden. Bei internaler Ursachenzuschreibung werden Erklärungen in der eigenen Person, bei externaler Ursachenzuschreibung im jeweiligen Umfeld gesucht. In beiden Fällen lassen sich zudem entweder *stabile* oder *variable* Ursachen zur Erklärung heranziehen. Eine stabil internale Ursachenzuschreibung würde darauf hinauslaufen, Misserfolge mit nicht vorhandenen Fähigkeiten oder einer unzureichenden Begabung zu erklären. Bei stabil externaler Ursachenzuschreibung wären es weitgehend unveränderbare Bedingungen des Umfelds (organisatorische Strukturen etwa), die für den Misserfolg verantwortlich gemacht werden. Variabel wären Ursachen, die situativen oder zeitlichen Veränderungen unterliegen, wie die eigene Anstrengungsbereitschaft als internale Ursache oder wechselnde Arbeitsaufgaben als externale Ursache.

Personen neigen zumeist dazu, Misserfolge externalen Ursachen zuzuschreiben und ihr Versagen damit zu erklären, dass sie durch äußere Bedingungen oder Umstände daran gehindert worden sind, erfolgreich abzuschneiden. Auch wenn solch eine Zuschreibung selbstwertdienlich sein mag, ist sie nicht immer auch selbstführungsdienlich. Misserfolge externalen Ursachen zuzuschreiben, schützt zwar davor, unangenehme oder aufwändige Korrekturen am Selbstbild eigener Fähigkeiten vornehmen zu müssen. Zugleich werden auf diese Weise aber auch Lernchancen und Entwicklungsmöglichkeiten vergeben. Selbstführungsdienlicher wäre eine Ursachenzuschreibung, bei der Personen über internale oder externale Gründe von Misserfolgen hinaus berücksichtigen, wie individuell kontrollierbar die jeweils plausibelsten Ursachen gewesen wären. Bei unkontrollierbar erscheinenden externalen Ursachen können Personen sich selbst und anderen gegenüber eine überzeugende Begründung des Misserfolgs geben. Wären die außerhalb der Person liegenden Ursachen jedoch kontrollierbar gewesen (wie etwa eine zu geringe Unterstützung von Kollegen oder Mitarbeitern), läge es im Bereich des Machbaren, mit einer anderen Strategie beim nächsten Mal bessere Ergebnisse zu erzielen. Dies würde auch für eine internale Misserfolgszuschreibung gelten, wenn eigenes Versagen variablen Ursachen zugeschrieben werden könnte (wie etwa unzureichender Vorbereitung oder mangelndem Einsatz). Selbst internal stabile Zuschreibungen würden Optionen eröffnen, wenn Ursachen als kontrollierbar wahrgenommen werden (wie etwa, Nachteile einer wenig ausgeprägten Gewissenhaftigkeit durch ein besseres Zeitmanagement zu kompensieren).

Das Scheitern löst nicht selten stärkere Veränderungsimpulse aus als der Erfolg. Braun (2007) schlägt deshalb vor, Hintergründe von Misserfolgen sehr genau zu analysieren und die Besonderheiten von Situationen zu untersuchen, die den erfolgreichen Abschluss eines Vorhabens verhindert haben: Waren alle relevanten Informationen bekannt und Bedingungszusammenhänge transparent? Wurden Ziele und Teilziele präzise formuliert und bei der Planung und Durchführung von Handlungen berücksichtigt? An welchen Stellen der Bearbeitung des Vorhabens gab es Abweichungen vom Plan? Hätten Frühhinweise auf mögliche Planabweichungen beachtet werden können und wie sorgfältig wurden Handlungseffekte bewertet, als Kurskorrekturen erforderlich gewesen wären? Wurden Beurteilungen gemacht oder Handlungsroutinen angewandt, die sich als fehlerhaft herausgestellt haben? Welche Konsequenzen lassen sich für den Umgang mit ähnlichen Aufgaben, Problemen oder Vorhaben ziehen?

Für Organisationen, Unternehmen und Einrichtungen ist kognitive Selbstführung vor allem im Rahmen von Maßnahmen interessant, mit denen selbstorganisiertes oder selbstgesteuertes Lernen am Arbeitsplatz gefördert werden soll (Greif & Kurtz, 1996; Eugster, Wosnitza, Nenniger & Rüegg, 2003). Um diese Form der Wissensaneignung zu unterstützen, müssen Lernquellenpools eingerichtet werden, aus denen sich Mitarbeiter und Führungskräfte je nach Informationsbedarf bedienen können. Sorgfältig zusammengestellte und ständig aktualisierte Lernquellenpools enthalten fachlich relevante Texte aus Büchern und Zeitschriften, Funktionsbeschreibungen, Projektdokumentationen, Lehrfilme, Audiomaterialien, Fallsammlungen, Durchführungsanweisungen und Lernprogramme. Der Zugriff auf Lernquellenpools sollte *online* von jedem Arbeitsplatz aus möglich sein. Zusätzliche Unterstützung können Lernberater geben, die ebenfalls *online*, telefonisch oder direkt vor Ort weiterhelfen, sofern bei der Wissensaneignung oder -anwendung Schwierigkeiten auftauchen. Um kognitive Selbstführung nicht zu unterminieren, hätten Lernberater jedoch darauf zu achten, dass sie keine konkreten Problemlösungen anbieten. Eine Beratung hätte vielmehr darauf abzuzielen, Mitarbeiter und Führungskräfte zu befähigen, Probleme ohne externe Unterstützung zu lösen und sich das hierfür notwendige Wissen selbst anzueignen. Lernberater vermitteln daher in erster Linie *Prozess*wissen, indem sie z. B. Hinweise geben, *wie* eine Gruppe Problemlösungen finden kann, oder sie helfen *strategisch* weiter, indem sie über Methoden effektiver Wissensaneignung informieren.

Kurz überprüft: Wie viel kognitive Selbstführung wird praktiziert?

- Ich versuche zumeist, erworbenes Wissen in konkretes Handeln umzusetzen. ☐

- Neue Kenntnisse und Fertigkeiten eigne ich mir oft auch in eigener Regie an. ☐

- Durch die Bewältigung von Schwierigkeiten und Krisen habe ich häufig persönlich profitieren zu können. ☐

- Vor neuen Aufgaben spiele ich gedanklich durch, wie ich im Einzelnen vorgehen könnte. ☐

- Gute Leistungen erziele ich auch deshalb, weil ich mir dabei gut zurede. ☐

- Ich beherrsche Tätigkeiten relativ schnell, weil ich sie mir vorher gedanklich mehrfach vergegenwärtige. ☐

- Ursachen für Misserfolge untersuche ich sorgfältig, um es das nächste Mal besser machen zu können. ☐

2.2
Energetisieren: Verbesserung von Vitalität und Fitness

Vitalität und Fitness zu verbessern, bedeutet, bewusster mit dem eigenen Körper und kontrollierter mit Voraussetzungen für einen leistungsfähigen Organismus und für physisches Wohlbefinden umzugehen.

In eigener Regie mehr Vitalität und Fitness zu erreichen, beinhaltet, die Sauerstoffversorgung des Körpers zu optimieren. Hierzu gehört zum einen der gezielte Einsatz von Atemtechniken. Die Atmung versorgt die Körperzellen mit Sauerstoff und beeinflusst hierüber auch die Tätigkeit des Lymph-Systems, das für Abtransport und Ausscheidung von Schadstoffen verantwortlich ist. Tiefes Atmen unterstützt das Lymph-System in seiner Funktion und trägt dazu bei, dass Schadstoffe schneller und wirkungsvoller entsorgt werden können. Ein Organismus, der sich effektiv zu reinigen vermag, verbessert seine Energiebilanz. Zu den Atemtechniken, die diesen Prozess unterstützen, gehört eine Übung, bei der man tief einatmet und dabei die Sekunden zählt, die hierfür genötigt werden. Sodann wird der Atem angehalten, etwa viermal so lange wie das Einatmen gedauert hat, und danach etwa zweimal solange wie das Einatmen gedauert hat wieder ausgeatmet. Mehrmals hintereinander praktiziert und regelmäßig durchgeführt können Personen mit dieser Übung eine bessere Sauerstoffausbeute der Atemluft erreichen. Über die Luft wird im Allgemeinen etwa 20 % Sauerstoff eingeatmet. Der Organismus nimmt davon jedoch nur einen kleinen Teil auf, der größere Teil wird wieder ausgeatmet. Eine relativ gute Ausbeute lässt sich erreichen, wenn man in körperlich belastungsarmen Situationen etwa 15 Mal pro Minute atmet. Häufigeres Atmen ist nicht automatisch effektiver, da die Atmung zugleich oft flacher wird, was sogar eine schlechtere Sauerstoffversorgung des Organismus zur Folge haben kann.

Durch körperliche Bewegung und sportliches Training sind ebenfalls positive Wirkungen zu erzielen. Nichtsportler nehmen pro Atemzug deutlich weniger Sauerstoff auf als Sportler. Ein von Selbstführungsforschern vorgeschlagenes und nachgewiesenermaßen effektives Bewegungsprogramm setzt sich aus Bausteinen zusammen, die gut mit täglichen Aktivitäten zu vereinbaren sind (Neck et al. 2004, S. 27 ff.). Das Programm basiert auf sportmedizinischen Empfehlungen, wonach sich nicht körperlich tätige Erwachsene jeden Tag insgesamt wenigstens 30 Minuten lang mit mittlerer Intensität physisch betätigen sollten. Mit dem Bewegungsprogramm werden Ausdauer, Kraft und Beweglichkeit trainiert. Mögliche Bausteine eines Bewegungsprogramms sind Jogging, Walking oder Fahrradfahren (Ausdauer), Hantelübungen, Liegestützen oder push-ups/pull-ups (Kraft) sowie Stretching- oder Gymnastikübungen (Beweglichkeit). Aus diesen Bausteinen wird ein für die betreffende Person geeignetes Bewegungsprogramm zusammengestellt. Neben einer Verbesserung der aktuellen Befindlichkeit beugt seine konsequente und regelmäßige Anwendung auch altersbedingten Einschränkungen der körperlichen Leistungsfähigkeit vor. Etwas für die körperliche Fitness zu tun, führt nicht selten zu einer insgesamt gesünderen Lebensweise, geringeren Anfälligkeit für Krankheiten und rascheren Erholung nach Phasen starker körperlicher oder psychischer Beanspruchung (Eberspächer, 1998).

Eine weitere Möglichkeit, die eigene Vitalität und Fitness zu verbessern, besteht darin, Entspannungstechniken anzuwenden. Mit physiologischen Veränderungen, die Personen auf diese Weise erreichen können, lassen sich Arbeitsstress abbauen und der Erholungswert von Ruhephasen steigern (Eichhorn, 2001). Wie körperliche Bewegung ist auch körperliche Entspannung in Alltagsaktivitäten integrierbar. Entspannungstechniken wie Autogenes Training oder progressive Muskelentspannung müssen in der Regel zwar unter fachkundiger Anleitung gelernt werden. Für den täglichen Gebrauch können sich Personen ein für ihre Bedürfnisse geeignetes Programm jedoch selbst zusammenstellen, wenn sie einige Grundsätze beachten, die für die Wirksamkeit von Entspannungstechniken bedeutsam sind. Hierzu gehören, nach einem ansprechenden Bildmotiv oder einer beruhigenden Selbstsuggestionsformel zu suchen, über dieses Motiv oder diese Formel in bequemer Körperhaltung und mit geschlossenen Augen die Aufmerksamkeit nach innen zu richten, dabei natürlich, ruhig und tief zu atmen, Bildmotiv oder Selbstsuggestion wiederholt aufzurufen, Spannungen in der Muskulatur zu erspüren und angespannte Muskeln bewusst zu lockern, eine selbstfokussierte und gelassene Haltung zu bewahren, auch wenn eigene Gedanken zu wandern beginnen.

Entspannungsübung Fantasiereise:

- Sich an einen ruhigen Ort zurückziehen und in bequemer Haltung Platz nehmen.

- Die Augen schließen und sich vorstellen, man befinde sich an einem einsamen Strand.

- Sich einen warmen und sonnigen Tag vergegenwärtigen, an dem man am Strand entlang spaziert und den weichen Sand zwischen den Zehen spürt.

- Die Vorstellung weiter ausschmücken: Die warme Sonne angenehm auf der Haut spüren, die frische, salzhaltige Seeluft einatmen, den Himmel und die Wolken betrachten.

- In der Fantasie zum Wasser gehen und ein Stück darin waten. Das angenehm kühle Wasser und eine leichte Brise auf der Haut spüren. Hören, wie sich die Wellen am Strand brechen.

- Sich ausmalen, wie man sich auf einen Fels setzt und auf das Meer hinaus schaut. Das tanzende Licht auf den Wellen und die herein rollende Brandung beobachten. Dem Rauschen zuhören und die Entspannung spüren, die diese Eindrücke auslösen.

- Die entspannende Wirkung des Anblicks eine Zeitlang aufrecht halten und sodann mit einem inneren Lächeln in die Realität zurückkehren.

Nach Gratzon (2004) ist auch tieferes Wissen oft nur in einem entspannten geistigen Zustand oder nach meditativer Beruhigung mentaler Aktivitäten zugänglich. Indem Personen bewusst Orte äußerer Ruhe (z. B. Bibliotheken, Kirchen) aufsuchen, können sie eher zu innerer Ruhe finden, aus der nicht selten kreative Gedanken aufsteigen und ins Bewusstsein gelangen. Gatzon zitiert das Beispiel von Chester Carlson, der mehrere Jahre mit Studien in der New Yorker Stadtbibliothek verbracht hat, bevor ihm plötzlich und intuitiv eine bahnbrechende Idee kam, aus der schließlich die Technologie des Fotokopierers hervorging.

Zu den wichtigen Quellen für Vitalität und Fitness zählt nicht zuletzt auch die Qualität der Nahrung, die Personen zu sich nehmen. Insbesondere eine mit Vitaminen, Mineralien und Bioaktivsubstanzen, mit so genannten *Vitalstoffen* angereicherte Nahrung erhält und verbessert die Gesundheit und Leistungsfähigkeit des Organismus (Koerber, Männle & Leitzmann, 2004). Vitalstoffreiche Nahrung kann der Körper weitgehend so verwerten, wie sie aufgenommen wird. Nahrung, die überwiegend aus industriell hergestellten Lebensmitteln besteht, muss vom Organismus hingegen erst aufwändig in verwertbare Bestandteile zerlegt werden. Dies bindet Energie, die anderweitig zunächst nicht zur Verfügung steht («ein voller Bauch studiert nicht gerne» – *plenus venter non studet libenter*). Der Vitalstoffanteil der Ernährung in westlichen und östlichen Industrienationen liegt selten über 20 bis 30 %. Schon eine Steigerung dieses Anteils um 10 bis 15 % kann die körperliche Fitness spürbar verbessern. Die beste Energiebilanz besitzt eine Ernährung, die aufgrund zahlreicher Forschungsbefunde (vgl. Robbins, 2003) folgende Bestandteile aufweist: Viel Gemüse, Obst und Salat; viel Wasser und frisch gepresste Obst- oder Gemüsesäfte; möglichst viel biologisch und in der näheren Region angebaute Lebensmittel; mehr Vollkornprodukte und weniger Produkte mit Auszugsmehl; mehr gebackene Kartoffeln und weniger Pommes Frites; allgemein wenig industriell verarbeitete Produkte; wenig Zucker; keine gehärteten Fette oder Transfettsäuren und wenig tierische Fette; wenig alkoholische oder koffeinhaltige Getränke, Limonaden oder Softdrinks; möglichst kein Natriumglutamat; keine Lebensmittel mit künstlichen Konservierungsstoffen, Farbstoffen oder anderen chemischen Zusatzstoffen.

Den Grundsätzen einer gesunden Ernährung zu folgen, bedeutet für Personen nicht selten, tief sitzende und früh geprägte Essgewohnheiten verändern zu müssen (vgl. Moeller, 1991). Untersuchungsergebnisse belegen, dass sich Menschen überwiegend anders ernähren als sie dies aufgrund gesicherter wissenschaftlicher Erkenntnisse tun sollten (vgl. Pudel, 1997). Gleichwohl könnten schon mit kleinen Schritten auch in dieser Richtung Verbesserungen erzielt werden: Etwa dadurch, kleinere Portionen konzentrierter Nahrungsmittel (Fisch, Fleisch, Käse, Brot) zu sich zu nehmen und stattdessen größere Portionen wasserreicher Nahrungsmittel (Gemüse, Salat) zu verzehren, insgesamt weniger zu essen oder dazu überzugehen, den «kleinen Hunger zwischendrin» mit Obst zu stillen.

Informations- und Aufklärungskampagnen zur Förderung gesundheitsbewusster Verhaltensweisen sind weit verbreitet, obwohl über die Vermittlung von Wissen allein selten nachhaltige Verhaltensänderungen zu erreichen sind. Neueren ernährungsmedizinischen Auffassungen zufolge (Despeghel (2007) sind vitalitätsrelevante Bedürfnisse «limbisch geprägt», so dass Maßnahmen auch das Motivations- und Emotionssystem von Person ansprechen müssten, um gewünschte Wirkungen hervorrufen zu können.

Vitalität und Fitness sind zumeist auch Ziele, die mit betrieblicher Gesundheitsförderung erreicht werden sollen. Programme, mit denen Unternehmen und Organisationen versuchen, Mitarbeiter und Führungskräfte gesund und leistungsfähig zu erhalten, machen Angebote, wie gesundheitsbeeinträchtigenden Folgen von Bewegungsmangel, Stress oder konsumptivem Problemverhalten (Rauchen, einseitige Ernährung) wirkungsvoll begegnet werden kann. Wenn die Konzeption solcher Programme psychologisch optimiert ist, werden in Kursangeboten in größerem Umfang auch Fragen thematisiert, die mit den emotionalen, motivationalen und sozialen Ursachen und Begleiterscheinungen krankmachender Einstellungen und Gewohnheiten zusammenhängen. Dabei geht es über Aufklärung hinaus vor allem um die Erarbeitung und Einübung individuell angepasster Strategien, mit denen gesundheitsrelevante Einstellungen positiv gestaltet und gesundheitsschädliche Verhaltensweisen geändert werden können. Die Wirkung von Aufklärung und angeleitetem Training lässt sich durch Selbstführung verstärken und nachhaltiger gestalten. Selbstführung befähigt Beschäftigte, auch ohne Anleitung und Unterstützung von außen gesünder zu leben und die hierfür erforderlichen Voraussetzungen durch eigenes Dazutun herzustellen oder entsprechend anzupassen.

Kurz überprüft: Wird etwas für die Verbesserung eigener Vitalität und Fitness getan?

- Bei längerer geistiger Tätigkeit stehe ich zwischendurch auf, um mir Bewegung zu verschaffen. ☐

- Um leistungsfähig zu bleiben, achte ich auch darauf, regelmäßig an die frische Luft zu gehen. ☐

- Ich strenge mich täglich mindestens einmal so an, dass Herz und Kreislauf ordentlich in Schwung kommen. ☐

- Auch wenn ich beruflich stark gefordert werde, bin ich so konsequent, Entspannungsphasen einzulegen. ☐

- Ich habe die Erfahrung gemacht, leistungsfähiger zu sein, wenn ich weniger Genussmittel konsumiere. ☐

- Es fällt mir leicht, mich körperlich fit zu halten. ☐

- Wenn sich ungesunde Gewohnheiten einschleichen, kann ich
  diese jederzeit ändern. ☐

2.3
Fühlen und Empfinden: Aktivierung leistungsförderlicher Gefühle und Stimmungen

Die bewusste Kontrolle und Steuerung von Gefühlen und Stimmungen sind wichtige Bestandteile von Selbstführung, weil Handlungen damit leichter zu initiieren und Leistungen schneller abzurufen sind. Ein weiterer Vorteil ist der direkte Zugang zu energetischen Potenzialen, die benötigt werden, um psychische Blockaden zu überwinden und berufliche Anforderungen erfolgreich bewältigen zu können (vgl. Wörz & Theiner, 1999). Möglichkeiten, leistungsförderliche Gefühle und Stimmungen zu aktivieren, sind das gezielte Aufsuchen ansprechender Arbeitssituationen, die Reinterpretation physiologischer Erregungszustände und eine Beeinflussung von Emotionen und Befindlichkeiten mittels nonverbaler Ausdrucksformen.

Gefühle empfinden und in einer bestimmten Weise ausdrücken zu können, gehört zur genetischen Grundausstattung des Menschen. Welche Gefühle wann empfunden und wie gezeigt werden, wird hingegen überwiegend gelernt. Emotionale Reaktionen werden durch Konditionierungsprozesse mit spezifischen Situationen oder Situationsmerkmalen verknüpft, bis Situationen oder Situationsmerkmale schließlich zu Auslösern für entsprechende Reaktionen werden. Personen kennen emotionale Auslöser von Situationen zum Teil sehr genau. Sie wissen z. B., dass Situationen, in denen sie den scharfen Tonfall eines Vorgesetzten hören oder einem unsympathischen Nachbarn begegnen, Gefühle von Unbehagen bei ihnen hervorrufen. Es gibt aber auch versteckte Auslöser, bei denen ein Zusammenhang mit bestimmten Gefühlsreaktionen weniger offensichtlich ist. Physikalische Bedingungen des Arbeitsumfelds wie Beleuchtungsverhältnisse oder das Ambiente von Verkaufsräumen gehören dazu. Ebenso Signale, die in subtilen Formen sozialer Einflussnahme enthalten sind (Cialdini, 2006). Der spontane und unwillkürliche Charakter emotionaler Reaktionen lässt bei Personen nicht selten den Eindruck entstehen, als würden sich Gefühlsregungen einer bewussten Steuerung und Kontrolle entziehen. Personen erleben, wie äußere Anlässe scheinbar ohne eigenes Dazutun Ärger, Furcht, Trauer, Überraschung, Freude oder Ausgelassenheit hervorrufen, oder bemerken, wie sich in ihnen eine niedergeschlagene Stimmung ausbreitet, ohne dass sie wüssten oder sagen könnten, worauf deren Entstehen zurückzuführen ist. Dass emotionale Reaktionen gelernt bzw. konditioniert worden sind, eröffnet jedoch auch Chancen. Unerwünschte oder störende Gefühlsreaktionen können im Prinzip auch wieder verlernt oder durch wünschenswertere, weniger aversive Gefühlsreaktionen ersetzt werden.

Zu den Möglichkeiten, Gefühlsreaktionen bewusster steuern und wirkungsvoller kontrollieren zu können, gehört eine Kombination aus sorgfältiger Selbst- und Situationsbeobachtung. Wenn Personen ihre emotionalen Reaktionen hinreichend bewusst reflektieren und auch die äußeren Begleitumstände im Auge behalten, erschließt sich zumeist nach einer gewissen Zeit, welche Situationsmerkmale mit welchen Erlebensqualitäten in Zusammenhang stehen. Zeichnen sich relativ stabile Beziehungsmuster ab, gibt es für Personen mehrere Optionen, sich selbst zu führen:

- Personen können «Stimulus-Management» betreiben und versuchen, die Situation so umgestalten, dass Auslöser negativer Gefühle eliminiert und Auslöser positiver Gefühle hinzugefügt werden.

- Eine zweite Option wäre, gezielt Situationen aufzusuchen, die bereits ein emotional anregendes physikalisches und soziales Ambiente besitzen.

- Über die Veränderung und das Aufsuchen von Situationen hinaus können Personen auch kognitive Strategien anwenden. Dies ermöglicht eine Besonderheit des Zustandekommens vieler Gefühlsreaktionen. Gefühle basieren auf physiologischer Erregung, die jedoch – von wenigen Ausnahmen abgesehen – unspezifisch ist und per se noch keine spezifische Erlebensqualität besitzt (vgl. Scherer, 2002).

Eine emotionale Tönung erhält die Erregung entweder durch Konditionierung oder durch Attribuierung. Der zweite Fall tritt ein, wenn Personen wahrnehmen, physiologisch erregt zu sein, die Erregung jedoch nicht deuten oder zuordnen können. Im Bemühen, die Erregung emotional zu ettiketieren, orientieren sich Personen bewusst oder unbewusst oft an ihrem sozialen Umfeld. Beobachtbare Verhaltens- und Ausdrucksweisen anderer Personen in einer erregenden Situation sind dabei wichtige Informationsquellen, um Anhaltspunkte für eine Gefühlszuschreibung der eigenen Erregung zu erhalten. Wie konditionierte Gefühlsreaktionen sind zugeschriebene Gefühle ebenfalls nicht unveränderbar. Physiologische Erregungszustände können potenziell also auch mit anderen, wünschenswerteren Zuschreibungen versehen werden. Schon die scheinbar nur minimale Umdeutung einer wahrgenommenen Erregung von Angst in Furcht ist nicht selten hilfreich, weil Furcht im Gegensatz zu Angst einen konkreten Objektbezug besitzt und dem Handeln eine konkrete Zielrichtung gibt.

Selbstführung schließt nicht nur den kontrollierten Umgang mit negativen Gefühlen ein. Auch positive Gefühle müssen nicht per se wünschenswerte Auswirkungen haben, so dass Selbstführung erforderlich werden kann. Nicht selten verlieren Personen aufgrund einer (zu) stark und umfassend ausgeprägten Zufriedenheit mit ihrer Arbeit das Interesse daran, sich beruflich weiter entwickeln und verändern zu wollen. Eine Gegenstrategie könnte beinhalten, dass Personen ihre zufriedenheitsbegleitenden Gefühle reflektieren und sich bemühen, diese geeignet umzudeuten. Empfindungen, voll in der bisherigen Tätigkeit aufzugehen, könnten so z. B. als gespannte Neugier erlebt werden, die aus zu erwartenden Bereicherungen einer beruflichen Neuorientierung resultiert. Wie wichtig eine *ausgewogene* Gefühlsregulierung ist, lassen Erkenntnisse zur Aktivierung handlungsrelevanter Gedächtnisinhalte erkennen (Martens & Kuhl, 2004). Mit wirksamen Strategien, positive Gefühle herauf zu regulieren, gelingt es Personen zwar zumeist, eigene Ziele intuitiv mit Handlungen zu verbinden, die es erleichtern, die betreffenden Ziele tatsächlich auch zu realisieren. Erfolgreiches Handeln erfordert gleichzeitig jedoch auch eine konstruktive Interpretation negativer Gefühle, da diese den Zugang zu Erfahrungen erleichtern, die bei der Bewältigung von Schwierigkeiten, Fehlern oder Risiken nützlich sind.

Emotionen können nicht nur durch kognitive Bewertungen physiologischer Erregungszustände, sondern auch durch Signale beeinflusst werden, die ein bestimmtes Ausdruckverhalten begleiten. Aussagen wie «Ich weine nicht, weil ich traurig bin, sondern ich bin traurig, weil ich weine» stimmen mit «Body»- bzw. «Facial-Feedback»-Hypothesen überein, die in neuerer Zeit unter der Bezeichnung «Embodiment» zusammengefasst werden (Storch, Cantieni, Hüther, Tschacher; 2006). Es ist empirisch belegt, dass körperliche Ausdrucksformen (Mimik, Gestik, Haltung) einerseits Wirkung und Effekt, andererseits aber auch Ursache und Bedingung von Gefühlen sein können. Selbstführungsrelevant ist hierbei, dass sich Personen der wechselseitigen Beeinflussung von Ausdruck und Emotion bewusst sind, und dass sie das Wissen darüber gezielt anwenden und einsetzen. Zum Beispiel, indem sie systematisch mit eigenen Ausdrucksformen experimentieren und austesten, womit sich wünschenswerte Gefühle und Stimmungen auslösen oder verstärken lassen. Nach Damasio (2001) sprechen körperliche Ausdruckformen nicht nur Gefühle und Stimmungen an. Über Gefühle und Stimmungen bewirken Mimik, Gestik und Haltung nicht selten auch, dass Personen Zugang zu impliziten Motiven oder Neigungen erhalten. Abbildung 10 verdeutlicht graphisch, wie man sich die Funktionsweise von Embodiment vorstellen kann.

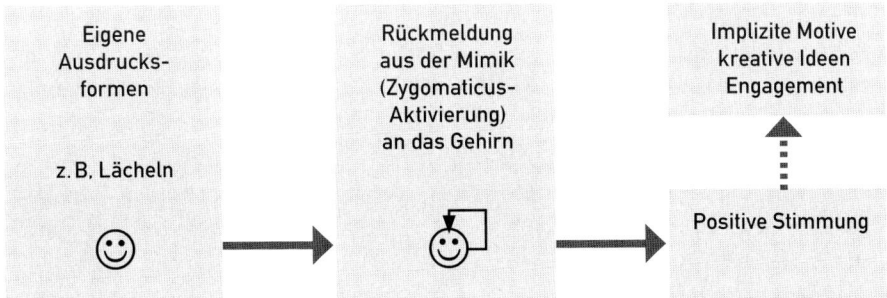

Abbildung 10: Prozess und Funktionsweise von Embodiment

Im Gegensatz zu Gefühlen haben Stimmungen weniger konkrete Objekt- oder Situationsbezüge, was die Identifizierung ihrer Auslöser erschwert. Zudem entfalten Gefühle eher kurzfristige Wirkungen, während Stimmungen menschliches Erleben und Verhalten auch über einen längeren Zeitraum hinweg beeinflussen können. Dass Arbeitsengagement und Leistungsbereitschaft von Personen stimmungsabhängig variieren können, ist durch Forschungsbefunde gut belegt (vgl. Müller & Bierhoff, 1998, 2001). In positiver Stimmung zeigen Personen mehr Eigeninitiative bei der Arbeit und gewähren mehr Unterstützung, wenn sie mit anderen Personen zusammenarbeiten. Auch trägt eine positive Stimmung dazu bei, dass sich Personen in Organisationen freiwillig mehr engagieren als vertraglich vereinbart ist. Umgekehrt ist eine negative Stimmung oft mitverantwortlich dafür, wenn in Organisationen nicht mehr zusammen-, sondern gegeneinander gearbeitet wird oder ein kontraproduktives Leistungsklima entsteht.

Durch Selbstbeobachtung können Personen zumeist relativ leicht feststellen, wie sich eigene Stimmungen oder Stimmungsschwankungen ausdrücken oder in der Art, wie man sich gibt, widerspiegeln. Äußere und innere Ursachen von Stimmungen oder Stimmungsschwankungen sind hingegen weniger leicht zu identifizieren. Stimmungen bauen sich oft langsam auf, so dass ihre Entstehungszusammenhänge nur schwer rekonstruiert werden können. Situations-Reaktions-Zusammenhänge feststellen oder physiologische Erregung reinterpretieren zu wollen, vermag daher kaum die gewünschten Effekte hervorzurufen. Auch hier bietet Embodiment eine Alternative. Dazu hätten Personen durch Selbstbeobachtung oder Rückmeldung aus dem sozialen Umfeld zunächst in Erfahrung zu bringen, wie sich unterschiedliche Stimmungen in ihrem Ausdrucksverhalten widerspiegeln. Haben sie anhand einer sorgfältigen Ausdrucksdiagnose herausgefunden, wie sich bestimmte Stimmungen in der Mimik und Körpersprache äußern, können sie Stimmungen durch den gezielten Abruf eines entsprechenden

Ausdrucksverhaltens verstärken oder abschwächen. Hier wäre es ebenfalls erforderlich, die Stimmungsregulation den jeweiligen Anforderungen anzupassen. Entspannte Ausdrucksformen (Lächeln, aufrechte und offene Haltung, angewinkelte Arme) senden dem Gehirn positive Stimmungssignale und erweisen sich als leistungsförderlich, wenn Aufgaben Kreativität und Einfallsreichtum abverlangen. Angespannte Ausdrucksformen (Stirnrunzeln, Zusammenziehen der Augenbrauen, gebeugter Oberkörper, gestreckte Arme) signalisieren dem Gehirn eine negative Stimmungslage, die gleichwohl leistungsförderlich sein kann, wenn Aufgaben kritische oder kompetitive Herangehensweisen erfordern.

Die Steuerung und Kontrolle von Gefühlen und Stimmungen üben:

- Sich für somatische Reaktionen sensibilisieren, indem Körperempfindungen bewusst registriert, benannt und hinsichtlich ihrer emotionalen Qualitäten beschrieben werden: Der entspannte Blick auf ein schönes Bild. Das innere Lachen über die Pointe einer witzigen Erzählung. Der angenehme Duft einer Fliederblüte. Der volle Geschmack eines ausgereiften Weines. Aber auch die Körperspannung bei der Präsentation eines wichtigen Projekts oder die Gesichtsröte, wenn man bei etwas Peinlichem «ertappt» wird.

- Die Wahrnehmung für Ursachen und Wirkungen schärfen: Haben in einer Situation, die man sich vergegenwärtigt, Körperempfindungen oder wahrgenommene Ereignisse Gefühle ausgelöst? Zum Beispiel: «Ich war fröhlich, weil ich eine schöne Nachricht erhalten habe» oder «Ich fühlte mich gehetzt, weil ich zu schnell gesprochen habe.».

- Situationen und die dabei wahrgenommenen Gefühle bewusst durchleben: Freude beim Betrachten einer schönen Blume. Eine Fahrradtour, die zwar anstrengend gewesen ist, die Natur aber spürbar hat werden lassen und ein Gefühl der Zufriedenheit vermittelt hat. Lebhafte Gedankenbilder davon, wie sich positive Gefühle und Stimmungen im eigenen Verhalten ausdrücken.

- Situationsvorstellungen anpassen: Gedankliche Fokussierung, wie sich der emotionale Charakter bestimmter Situationen verändern ließe, um eigene Bedürfnisse besser befriedigen, Leistungsansprüche schneller erfüllen oder persönliche Ziele häufiger realisieren zu können.

- Viel versprechend erscheinende Vorstellungen über einen anderen Umgang mit Situationen sammeln und im Gedächtnis abspeichern.

- Sich gedanklich auch mit aversiven Situationen beschäftigen: Belastende oder frustrierende Begebenheiten dabei jedoch stets zusammen mit angenehmen Begebenheiten imaginieren. Gefühle von Hilflosigkeit, Ärger, Angst oder Enttäuschung mit solchen Emotionen konfrontieren, die bei einer erfolgreichen Überwindung von Handlungsblockaden und der Bewältigung schwieriger Aufgaben erlebt worden sind.

Unternehmen und Organisationen haben die Bedeutung von Gefühlen und Stimmungen bei der Arbeit erst in neuerer Zeit erkannt. Zuvor sind emotionale Reaktionen zumeist nur indirekt und im Zusammenhang mit Arbeitszufriedenheit thematisiert worden, selbst jedoch selten Gegenstand von Mitarbeiterbefragungen oder Personal- und Organisationsentwicklungsmaßnahmen gewesen. Der Nachweis, dass Gefühle und Stimmungen Lern- und Arbeitsleistungen, Qualität und Effektivität der Zusammenarbeit sowie Loyalität und Arbeitsmoral von Führungskräften und Mitarbeitern beeinflussen, hat allerdings dazu beigetragen, auch dem emotionalen Geschehen in der Organisation mehr Aufmerksamkeit zu schenken (vgl. Wegge, 2004). Selbstführungsrelevant ist die Steuerung und Kontrolle von Gefühlen und Stimmungen vor allem für Führungskräfte, da sich durch ein bewusst gepflegtes Beziehungsklima sowohl die gegenseitige Unterstützung in Arbeitsgruppen mobilisieren als auch die Bereitschaft von Mitarbeitern erhöhen lässt, ein größeres Arbeitsengagement an den Tag zu legen (vgl. Bierhoff & Müller, 2005). Führungskräften eröffnen sich dadurch Möglichkeiten, Verantwortung zu delegieren und auch Mitarbeiter zu ermutigen, sich selbst zu führen.

Kurz überprüft: Können leistungsförderliche Gefühle und Stimmungen aktiviert werden?

- Ich suche gezielt Situationen auf, in denen es Freude macht zu arbeiten. ☐

- Ich achte auf eigene Gefühlsreaktionen, um diese besser kennenlernen und kontrollieren zu können.   ☐

- Ich vermag Gefühle so zu beeinflussen, dass diese mich bei der Verfolgung eigener Ziele unterstützen.   ☐

- Ich verstehe es, so mit negativen Gefühlen umzugehen, dass diese mich nicht blockieren. ☐

- Ich weiß sehr genau, wie sich verschiedene Emotionen und Stimmungen in meinem Verhalten äußern. ☐

- Ich habe gelernt, wie ich mich selbst in eine positive Stimmung versetzen kann. ☐

- Macht sich schlechte Laune bei mir breit, weiß ich, wie ich dies ändern kann. ☐

2.4
Handeln und beeinflussen

2.4.1
Veränderung und Optimierung des Arbeitsverhaltens

Selbstaufmerksamkeit und Selbstbeobachtung, Vitalität und Willenskraft, Gefühls-steuerung, Anreizkontrolle und kognitive Selbstführung sind im Allgemeinen notwendige, aber nicht automatisch auch hinreichende Bedingungen, um konkrete Handlungen initiieren, durchführen und erfolgreich abschließen zu können. Wenn Bedürfnisse und Fähigkeiten, physiologische Erregung und volitionales Streben, Emotionen und Stimmungen, Ziele und Absichten, Gedanken und Pläne auf die Ebene offenen Verhaltens transformiert werden, sind in mehr oder weniger großem Umfang stets auch *motorische* Aktivitäten beteiligt, deren Beeinflussung besonderer Strategien bedarf.

Motorisches Verhalten ist überwiegend stark eingeschliffen oder habitua-lisiert und erfüllt automatisch und ohne Einschaltung des Bewusstseins die Funktionen, für die es genetisch angelegt, gelernt, geübt oder trainiert worden ist (laufen, sprechen, schreiben, zeichnen, Fahrrad fahren, sich handwerklich betätigen, etc.). Wenn Personen neue Fertigkeiten erwerben, bereits vorhandene Fertigkeiten verbessern oder Verhaltensroutinen verändern möchten, kann es also erforderlich sein, dass sie nicht nur an der psychischen Steuerung und Kontrolle von Handlungen, sondern auch an motorischen Aktivitäten und Reaktionen arbeiten müssen. Wie bei allen Lernvorgängen kommt es beim motorischen Lernen darauf an, neues Verhalten neuronal möglichst so zu bahnen und zu vernetzen, dass es jederzeit rasch und zuverlässig abrufbar und ausführbar ist. Motorisches Lernen ist allerdings aufwändiger als kognitives Lernen, weil sich

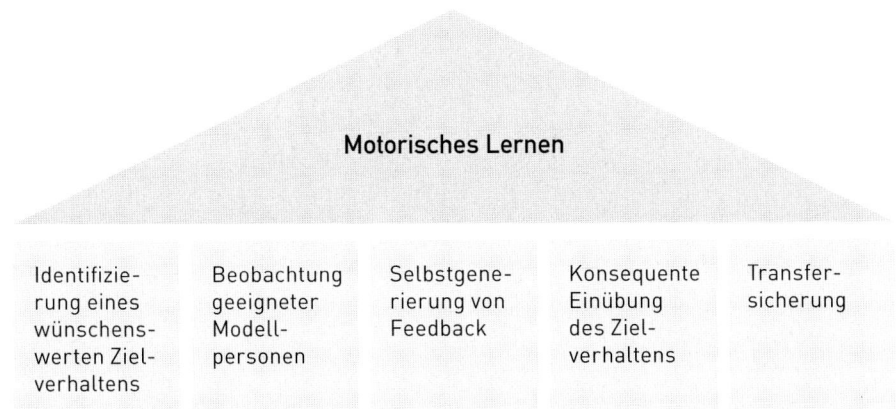

Abbildung 11: Selbstführung bei motorischem Lernen

die Bildung oder Veränderung neuronaler Strukturen nicht nur auf kortikale, sondern auch auf körperliche Prozesse erstreckt. Wie Personen gehen und stehen, wie sie manuell agieren und Geräte oder Werkzeuge handhaben, wie sie sich gestisch und mimisch ausdrücken, Sprache intonieren und Bewegungen koordinieren wird von neuronalen Strukturen gesteuert, die sich eher langsam entwickeln, dafür aber auch eine größere Änderungsresistenz besitzen. Es ist daher zumeist mehr Zeit und Ausdauer erforderlich, bis sich Fortschritte zeigen und ein gewünschtes Fertigkeitsniveau erreicht werden kann. Motorisches Lernen lässt sich jedoch ebenfalls in eigener Regie beschleunigen. Ansatzpunkte dafür zeigt **Abbildung 11.**

Vorstellungen über eigene Verhaltensweisen wären höchst unkonkret und fragmentarisch, wenn sie allein auf Selbstbeobachtung oder visueller Vergegenwärtigung beruhen würden. Der Grund ist, dass motorische Aktivitäten im offenen Verhalten der unmittelbaren Anschauung oft nur ausschnittsweise zugänglich sind. Dies gilt insbesondere für Aktivitäten, die sich im «toten Winkel» visueller Wahrnehmung befinden (Mimik, Körperhaltung, Bewegung). Teilweise trifft dies auch für verbales und paraverbales Ausdrucksverhalten zu, was u. a. daran erkennbar ist, dass Personen nicht selten überrascht oder irritiert sind, wenn sie in natürlichen Situationen gefilmt werden und anschließend als Zuschauer erleben, wie sie agiert und gesprochen haben. Einschränkungen der Selbstbeobachtung können jedoch durch einen systematischen Einbezug des sozialen Umfelds kompensiert werden. Dies würde neben der Entdeckung eines wünschenswerten Zielverhaltens vor allem die möglichst genaue und hinreichend lange Beobachtung von Personen beinhalten, die das angestrebte Zielverhalten bereits beherr-schen und als nachahmenswertes Modell und Vorbild dienen können. Lernen am Modell erleichtert selbst die Aneignung komplexer Verhaltensweisen (Bandura, 1986). Ihm wird von Selbstführungsforschern daher große Bedeutung zuge-schrieben (Manz, 1986; Neck & Manz, 2007). Eine Modellperson zu beobachten vermittelt ganzheitliche Eindrücke des Zielverhaltens. Zudem erschließen sich durch die Nachahmung motorischen Verhaltens nicht selten auch psychische Prozesse und Emotionen, die die Lernbereitschaft aufrechterhalten und eine Übernahme des Zielverhaltens in das eigene Verhaltensrepertoire erleichtern (s. o. «facial-feedback», «body-feedback»).

Die Einübung des Zielverhaltens erfordert günstige Voraussetzungen, unter denen neue oder ungewohnte motorische Aktivitäten und Bewegungsabläufe erprobt und hinreichend oft wiederholt werden können. Einschränkungen durch unzureichende Möglichkeiten der Selbstkontrolle lassen sich ebenfalls durch Ein-bezug sozialer Feedbackquellen und technischer Hilfsmittel kompensieren. Als soziale Feedbackquellen kommen im Prinzip alle Personen in Frage, die bereit sind zu beschreiben, wie ein gezeigtes Verhalten auf sie wirkt. Handelt es sich um Rückmeldungen in natürlichen Interaktionssituationen, ist dessen Informations-gehalt allerdings begrenzt. Informativere und zuverlässigere Feedbackquellen sind Verhaltenstrainer oder ein persönlicher Coach. Aber auch die Verwendung technischer Hilfsmittel zur Verhaltensaufzeichnung kann dazu beitragen, den Lernfortschritt zu beschleunigen.

Übung aus einem Verhaltenstraining:

Vertriebsmitarbeiter eines Unternehmens arbeiten mit didaktisch aufberei-teten Videoszenen, die verschiedene Phasen eines Verkaufsgesprächs zei-gen. Von den in diesen Szenen gezeigten positiven und negativen Modellen leiten die Trainingsteilnehmer solche Verhaltenssequenzen ab, die sie als «geklonte» Handlungen für sich selbst ausprobieren möchten. Das Lernen am Modell wird durch Transferfragen des Trainers unterstützt, die den Teil-nehmern helfen sollen, einen authentischen Ausdruck des Zielverhaltens zu finden (z. B. «Was kann ich ändern oder dazu tun, um diesem Verhalten eine persönliche Note zu geben?»). Die Verhaltensweisen werden per Video aufgezeichnet, analysiert und solange wiederholt und individuell angepasst, bis die Teilnehmer selbst und die anderen Teilnehmer des Trainings sie als routiniert, stimmig und überzeugend empfinden.

Motorisches Lernen setzt ungestörte und konzentrierte Übung voraus. Die hierfür notwendigen räumlichen, sozialen und technischen Voraussetzungen zu schaffen, ist dabei ebenso wichtig wie das Training des betreffenden Verhaltens selbst. Günstige Voraussetzungen sind im beruflichen Alltag eher selten anzutreffen, da das jeweilige Umfeld zumeist auch Möglichkeiten bieten muss, mit verschiedenen Methoden der Verhaltensaneignung und Varianten der Verhaltensausführung experimentieren zu können. Komplexität und Neuartigkeit des motorischen Anteils von Verhaltensweisen bestimmen die Länge der einzukalkulierenden Lern- und Trainingszeiten. Je differenzierter und umfangreicher die Lern- und Trainingsanforderungen sind, desto schneller werden Fortschritte gemacht, wenn Personen neben eigenen Lern- und Trainingseinheiten auch professionelle Unterstützung in Anspruch nehmen. Entscheiden sich Personen für professionelle Unterstützung, lernen sie zudem besser, wenn sie gezielt nach einem Trainer oder Coach suchen, dessen fachliche Reputation ihre Anerkennung und persönliche Ausstrahlung ihre Wertschätzung genießt.

Dass motorisches Verhalten am besten in einem Umfeld gelernt und geübt werden kann, welches möglichst abgeschirmte und fokussierte Trainingsbedingungen bietet (s. o. Übung), mag bei allen Vorteilen aber auch Nachteile mit sich bringen. Auf einen kritischen Punkt machen Storch und Krause (2005) aufmerksam: Selbst wenn neues Verhalten im Training bereits gut beherrscht wird, ist es selten möglich, an so vielen Situationen zu üben, dass ein sicherer Transfer des Gelernten in den beruflichen Alltag garantiert ist. Vor allem überraschende oder belastende Arbeitssituationen tragen nicht selten zur Desorganisation des Gelernten und zum Rückfall in alte Tätigkeitsroutinen bei. Überforderung, Stress oder Zeitdruck beeinträchtigen im Allgemeinen eine bewusste Kontrolle, Steuerung und Ausführung neuer Verhaltensweisen. Stattdessen kann es zur Aktivierung von Reaktionen kommen, die aufgrund ihrer stärkeren neuronalen Bahnung rascher abrufbar und leichter auszuführen sind. Dies mag für Personen zwar mit Enttäuschung und Frustration verbunden sein, muss aber nicht bedeuten, das Gelernte abzuwerten und keinen Gebrauch mehr davon zu machen. Personen können sich auf solche Situationen vorbereiten. Zum Beispiel dadurch, dass sie mögliche Rückschläge von vornherein in Rechnung stellen und gelegentliche Durchbrüche alter Gewohnheiten als Aufforderung betrachten, genauer zu beobachten, was in Versagenssituationen tatsächlich geschieht. Die hierbei gewonnenen Erkenntnisse lassen sich für ein verändertes Situations- oder Reaktionsmanagement nutzen. Gegebenenfalls können sie auch zum Thema für ein follow-up-Training gemacht werden. Die Generierung so genannter Exit-Strategien trägt ebenfalls dazu bei, die Veränderungsbereitschaft aufrecht zu erhalten.

Beispiel für eine Exit-Strategie:

Ein 60jähriger Unternehmer beabsichtigt, seine körperliche Fitness zu steigern. Er will sich dazu gleichgesinnten Kollegen ähnlichen Alters anschließen, die einmal wöchentlich Power Walking mit dem Ziel trainieren, zehn Kilometer in 80 Minuten zurückzulegen. Falls wegen seines leicht arthrotischen Fußgelenks dieses Vorhaben in Frage stünde, möchte der Unternehmer alternativ zweimal wöchentlich alleine mit dem Fahrrad 27 Kilometer in 45 Minuten bewältigen. Bereits bei der Vorbereitung des Vorhabens zeichnet sich ab, dass das Ziel der Gruppe, im Zeitlimit zu bleiben, die Exit-Strategie als Versagen erscheinen lassen würde. Nach einem vierwöchigen, individuellen Vorbereitungstraining, bei dem auch ein der Arthrose vorbeugendes Schuhwerk erprobt wird, schließt sich der Unternehmer dem wöchentlichen Power Walking an und arbeitet zusammen mit der Gruppe engagiert daran, das gesetzte Ziel zu erreichen. Nach weiteren sechs Wochen kann gefeiert und das erreichte Ziel als künftiger Leistungsanspruch etabliert werden.

In Unternehmen und Organisationen gehören die Planung, Konzipierung, Durchführung und Evaluation von Verhaltenstrainings zu den Kernaufgaben personalpsychologischer Arbeit (Sonntag & Stegmaier, 2006), ebenso das Coaching von Personen, die beruflich starken Beanspruchungen ausgesetzt sind (Braun, 2005). Zur Hauptdomäne von Trainingsveranstaltungen gehören kommunikative und kooperative Verhaltensweisen sowie spezielle Facetten dieser Verhaltensweisen, die für einen konstruktiven und effektiven Umgang mit Konflikten, mit Komplexität oder Interkulturalität, mit Diskussions-, Präsentations- und Moderationsaufgaben, Verkaufs- und Verhandlungssituationen oder der Führung von Arbeitsgruppen charakteristisch sind. Das Coaching von Organisationsmitgliedern ist auf individuelle Bedürfnisse und Besonderheiten am Arbeitsplatz zugeschnitten. Im Dialog wird geklärt, was Organisationsmitglieder auf welche Weise zu tun haben, wie Erfolg versprechende Verhaltensänderungen aussehen könnten, welche Hindernisse dazu gegebenenfalls zu überwinden wären, welche Erwartungen des Arbeitsumfelds mit Verhaltensänderungen kollidieren würden, u. Ä. Selbstführung ist in Verhaltenstrainings selten als explizites Lernziel ausgewiesen. Sie spielt allenfalls implizit eine Rolle, wenn Trainingsteilnehmer individuelle Verhaltensanpassungen (s. o. Übung) oder Strategien zur Rückfall-Prävention finden sollen. Mehr Beachtung, zumeist auch als eigenständiger Teil der Intervention, wird Selbstführung beim Coaching von Verhaltensänderungen eingeräumt. Da sich Coaching-Sitzungen nicht oder in nur ganz begrenztem Umfang eignen, motorisches Verhalten zu erproben und einzuüben, müssen Organisationsmitglieder befähigt werden, selbst mit neuen Reaktionen und Verhaltensänderungen zu experimentieren. Dazu können ihnen anfangs noch Hilfestellungen an die Hand gegeben werden («Verhaltensverschreibungen»). Später sollten sie jedoch in der Lage versetzt werden, sich für die Erweiterung ihres Verhaltensrepertoires selbst zu coachen.

Kurz überprüft: Um die Optimierung des eigenen Verhaltens bemüht?

- Es fällt mir leichter, mein Arbeitsverhalten zu ändern, wenn ich mich an guten Vorbildern orientieren kann. ❏

- Um meine Arbeitsleistung zu verbessern, beobachte ich, wie sich andere leistungsstarke Personen verhalten. ❏

- Neues Arbeitsverhalten übe ich so lange, bis ich seine Ausführung zufriedenstellend beherrsche. ❏

- Situationen wie Prüfungen, Vorträge oder Beurteilungsgespräche studiere ich vorher sorgfältig sein. ❏

- Bei neuen Tätigkeiten ist mir bewusst, dass Rückfälle in alte Gewohnheiten möglich sind. ❏

- Rückfälle in alte Tätigkeitsroutinen entmutigen mich nicht, da ich ihnen wirkungsvoll zu begegnen weiß. ❏

- Um mein Arbeitsverhalten zu verbessern, nehme ich gelegentlich professionelle Unterstützung in Anspruch. ❏

2.4.2
Proaktive Einflussnahme auf das berufliche Umfeld

Es ist bereits darauf hingewiesen worden, dass Wirkung und Reichweite von Selbstführung von jeweils gegebenen Umfeldbedingungen beeinflusst werden können. Themenrelevante Veröffentlichungen, insbesondere US-amerikanischer Provenienz, verbreiten nicht selten einen ungetrübten Optimismus, wenn sie

Erfolge beleuchten, die mit konsequenter und kompetenter Selbstführung erreichbar sein sollten (z. B. Robbins, 1992; Neck & Manz, 2007; vgl. auch Kanning, 2007). Strukturelle Besonderheiten beruflicher Situationen sind jedoch nicht selten so geartet, dass sie einer Entfaltung von Eigeninitiative und Realisierung individueller Ziele Grenzen setzen. Die Vorstellung, alles erreichen zu können, was man persönlich gerne erreichen möchte, mag der Machbarkeitseuphorie und Selbstverwirklichungsgläubigkeit des «American way of life» entsprechen. Faktisch bietet aber auch das Land der (vermeintlich) unbegrenzten Möglichkeiten nicht allen Bürgern die Chance, sich grenzenlos entfalten zu können. Ein starkes Umfeld, das Organisationen mit starren Hierarchien, strikter Funktionsteilung und stark standardisierten oder formalisierten Formen der Zusammenarbeit auszeichnet, bietet Beschäftigten kaum Handlungs- und Entscheidungsfreiräume und lässt aus diesem Grund auch wenig selbstgeführtes Arbeitsverhalten zu.

Im Prinzip lassen sich drei Möglichkeiten unterscheiden, wie Personen ihr Umfeld kontrollieren und beeinflussen können. Erstens, indem sie gezielt nach neuen beruflichen Feldern suchen, in denen eine bessere Befriedigung ihrer Bedürfnisse und eine umfassendere Entfaltung ihrer Fähigkeiten gegeben erscheint. Zweitens, indem sie mit geeigneten Verhaltensinitiativen auf ihr aktuelles Arbeitsumfeld einwirken, damit dieses eigenen Bedürfnissen und Fähigkeiten stärker entgegen kommt. Drittens, indem sie sich durch Besonderheiten ihres aktuellen Arbeitsumfelds anregen lassen, eigene Denk- und Verhaltensweisen zu verändern, von denen nachahmenswerte Wirkungen ausgehen, wodurch eine indirekte Beeinflussung des betreffenden Umfelds erreichbar ist.

Die erste Möglichkeit kann als *proaktive Selektionsstrategie* bezeichnet werden. Personen ergreifen die Initiative, um ein anderes, besser zu ihnen passendes Arbeits- oder Betätigungsumfeld zu finden, auszuwählen und aufzusuchen. Die Anwendung dieser Strategie ist nicht selten mit harten Einschnitten verbunden, z. B., weil Personen den Entschluss fassen müssen, ein bestehendes Beschäftigungsverhältnis zu lösen und in ein anderes Tätigkeitsfeld zu wechseln. Die zweite Möglichkeit lässt sich als *proaktive Interventionsstrategie* beschreiben. Personen verändern absichtsvoll bestimmte Merkmale ihres unmittelbaren Arbeitsumfelds, damit Situationen, in denen sie gewöhnlich tätig sind, ein besser zu ihnen passendes Ambiente erhalten. Auswirkungen dieser Strategie sind zumeist weniger einschneidend, weil Personen ihr Betätigungsumfeld nicht verlassen, sondern versuchen, diesem einen persönlichen Stempel aufzudrücken.

Proaktive Intervention bei einer Betriebsübernahme:

Proaktive Intervention ist eine Strategie, die oft bei der Betriebsübernahme praktiziert wird. Die neue Unternehmensleitung wendet die Strategie an, um die eigene Handschrift bei der künftigen Ausrichtung der Geschäftsführung sichtbar zu machen.

Dass diese Strategie nicht nur klare Zielvorstellungen und konsequentes Handeln, sondern auch Überzeugungskraft erfordert, zeigt das Beispiel einer Betriebsübernahme durch den Sohn des Unternehmensgründers, der sich psychologisch beraten ließ, um seine neue Rolle schneller finden und effektiver ausgestalten zu können. Der Jungunternehmer hatte klare Vorstellungen über Veränderungen, die er bei der Kundenbetreuung, internen Ablauforganisation und Marktpositionierung des Unternehmens realisieren wollte. Dabei musste er sich mit seinen Vorstellungen gegen Widerstände einiger Führungskräfte durchsetzen, die noch sehr stark auf den Unternehmensgründer fixiert waren. Dies gelang ihm, indem er mehrfach über Vorzüge der von ihm geplanten Veränderungen informierte und auf vorteilhafte Konsequenzen für alle Beschäftigten des Unternehmens hinwies. Als er deutlich machte, dass sich durch die von ihm geplanten Veränderungen auch die Arbeitsbedingungen der Führungskräfte verbessern, gelang es ihm schließlich, die Widerstände zu überwinden und eine umfassende Unterstützung seiner Pläne zu erreichen.

Proaktive Selbstanpassung kann als dritte Möglichkeit der Einflussnahme auf das berufliche Umfeld betrachtet werden. Die Einflussnahme erfolgt auf indirektem Weg, indem Personen mit Veränderungen bei sich selbst beginnen und durch ihr Vorbild bei Kollegen und Mitarbeitern ebenfalls Absichten wecken, sich verändern zu wollen. Proaktive Selbstanpassung ist ein Bestandteil von Führung durch Selbstführung («super leadership», vgl. Manz & Sims, 1990, s. u. Kap. 5). Personen, die diese Strategie anwenden, nehmen bewusst oder spontan Anregungen aus ihrem Umfeld auf und nutzen diese gezielt für Veränderungen, die sie bei sich selbst initiieren und realisieren. Sichtbare Wirkungen solcher Veränderungen besitzen zumeist eine gewisse Passung mit Gegebenheiten der sozialen Arbeitssituation, so dass sie leichter auf Resonanz und Akzeptanz durch Kollegen oder Mitarbeiter stoßen. Eine Maxime, die auf Selbstführung beruht, besagt, dass Führungskräfte, die Veränderungen im Verhalten ihrer Mitarbeiter erreichen möchten, zunächst mit Veränderungen bei sich selbst beginnen und dadurch mit gutem Beispiel vorangehen sollten (vgl. Waele, Morval & Sheitoyan, 1993, s. u. Kapitel «Selbstführung im Licht innerer Grundhaltungen»).

Aus einem weiteren Beratungsfall:

Der Seniorchef eines Unternehmens beabsichtigte, die innerbetriebliche Logistik zu verbessern. Nach wenig ergiebigen innerbetrieblichen Diskussionen über dieses Vorhaben begann er, sich selbst mit komplexen, computergestützten Logistiksystemen zu beschäftigen und fundiertes Wissen über Anforderungen, Voraussetzungen, Möglichkeiten und Funktionsweisen eines für das Unternehmen geeigneten Systems zu erwerben. Seine Führungskräfte zollten ihm darauf hin nicht nur Respekt, dass er sich als Kaufmann mit solch einer anspruchsvollen technischen Materie befasst. Sie ergriffen schließlich auch selbst die Initiative, indem sie eine firmeninterne Weiterbildung über das Logistik-System organisierten und dessen Einführung vorbereiteten.

Selbstführung bei der proaktiven Einflussnahme auf das berufliche Umfeld setzt ein stets waches Bewusstsein voraus, Teil eines größeren Arbeitszusammenhangs zu sein, mit dem man in vielfältigen Austauschbeziehungen steht. Personen mögen über besondere Bedürfnisse und Fähigkeiten verfügen. Ob und in welchem Umfang individuelle Bedürfnisse befriedigt werden und vorhandene Fähigkeiten zur Entfaltung kommen können, hängt jedoch auch von äußeren Bedingungen und situativen Arbeitsanforderungen ab. Für erfolgreiche Selbstführung ist nicht nur wichtig, sich selbst zu beobachten und an innerer Transparenz zu gewinnen. Wichtig ist ebenfalls, das Tätigkeitsumfeld zu beobachten und auf wechselseitig profitable Austauschmöglichkeiten hin zu durchleuchten. Mit innerer Transparenz lässt sich erreichen, dass Handlungspläne besser mit eigenen Bedürfnissen und Fähigkeiten übereinstimmen. Mit äußerer Transparenz ist zudem eine an Opportunitäten des Umfelds orientierte Handlungsplanung möglich. Proaktive Einflussnahme macht Personen zu *Anbietern* im sozialen und ökonomischen Austausch mit anderen Personen. In dieser Rolle haben sie die Initiative, während sie als Nachfrager abhängiger von Angeboten des jeweiligen Umfelds wären. Der Erfolg unternehmerischen Verhaltens etwa beruht u. a. auch darauf, proaktive und opportunistische Handlungsstrategien einzusetzen und möglichst wenig reaktiv zu handeln (vgl. Rauch, 1998).

Proaktives und opportunistisches Handeln am Beispiel Otto Kern (aus Müller, 2007b, S. 389-390):

Otto Kern ist Gründer einer Firma, mit der die Kleiderkollektion «Otto Kern» zu einer führenden und international renommierten Modemarke geworden ist. Sein Erfolgsgeheimnis ist nach eigenen Angaben gewesen, eine Marktlücke entdeckt und zum richtigen Zeitpunkt Produktideen und wichtige Partner gehabt zu haben. Otto Kern erkannte durch Aushilfstätigkeiten bei einem Herrenausstatter frühzeitig, dass für taillierte Hemden eine gewisse Nachfrage vorhanden ist. Solche Hemden selbst zu entwerfen und anzufertigen lag nahe, weil seine Mutter eine Wäschefabrik betrieb, in der Textilien rasch und kostengünstig produziert werden konnten. Weitere Innovationen wie Waschseide und ein neuartigen Textildruckverfahren ermöglichten es, die Marke auch über die Grenzen Deutschlands hinaus bekannt zu machen. Aus einer Zufallsbegegnung mit kreativen Marktstrategen entstanden viel beachtete und äußerst erfolgreiche Werbekampagnen, mit denen die Marke schließlich weltweit etabliert werden konnte.

Der Erfolg proaktiver Einflussstrategien hängt vom Kontext ab, in dem diese angewandt werden. Proaktive Selbstanpassung ist eine effektive Strategie, wenn Personen mit neuen Aufgaben konfrontiert sind, wenn sie Zeit haben, sich von Anregungen ihres Arbeitsumfelds inspirieren zu lassen, oder mit Partnern zusammenarbeiten, die empfänglich für Gelegenheiten und Impulse sind, sich weiterentwickeln zu können. Proaktive Selbstanpassung signalisiert nach außen, dass Personen lernbereit und verhaltensflexibel sind. Ist beobachtbar, dass Personen positive Resultate damit erzielen, geben sie zudem ein nachahmenswertes Vorbild ab.

Die erfolgreiche Anwendung einer proaktiven Interventionsstrategie setzt voraus, dass Personen die Besonderheiten ihres Arbeitsumfelds kennen und zu einer realistischen Einschätzung der Entwicklungsfähigkeit bestehender Austauschbeziehungen in der Lage sind. Je besser die Einschätzung, desto eher können Personen Angebote machen oder Ansprüche formulieren, die gewünschte Veränderungen im Arbeitsumfeld herbeiführen.

Eine proaktive Selektionsstrategie anzuwenden, kann angemessen und erforderlich sein, wenn Austauschbeziehungen im Arbeitsumfeld dauerhaft gestört oder massiv beeinträchtigt sind, und Personen zu der Überzeugung gelangen, dass sich negative Auswirkungen für sie weder durch Selbstanpassung noch durch Intervention kompensieren lassen. Der Erfolg einer proaktiven Selektionsstrategie hängt nicht nur davon ab, ob und wann Personen erkennen, dass ein Wechsel des Arbeitsumfelds erforderlich ist. Erfolgsrelevant ist überdies, dass Personen Arbeitsumfelder kennen und aufsuchen können, die mehr Optionen bieten, eigene Bedürfnisse zu befriedigen und vorhandene Fähigkeiten zu entfalten. Dies setzt voraus, dass Personen nicht nur das engere Arbeitsumfeld beobachten, sondern auch im weiteren Arbeitsumfeld sondieren, ob dieses im Bedarfsfall Rückzugsfelder zu bieten vermag.

Proaktive Einflussnahme ist für Unternehmen und Organisationen immer dann ein Thema, wenn es notwendig und wichtig erscheint, Mitarbeiter und Führungskräfte zu beschäftigen, von denen Initiative und Gestaltungsbereitschaft erwartet werden können. Unternehmen und Organisationen hätten in diesem Fall strukturelle Rahmenbedingungen zu schaffen, die Handlungs- und Entscheidungsfreiräume für Mitarbeiter und Führungskräfte eröffnen (z. B. durch teilautonome Arbeitsgruppen, Projektgruppen, Qualitätszirkel, Profit-Center-Strukturen oder teilselbstständige Betriebseinheiten, s. u. Kapitel 6 «Selbstführungsgerechte Organisationsgestaltung»). Von personalpsychologischer Seite müsste dafür gesorgt werden, die für Gestaltungsaufgaben erforderliche Eignung von Stellenbewerbern festzustellen oder bereits beschäftigte Mitarbeiter und Führungskräfte zu qualifizieren, Handlungs-, Entscheidungs- und Interaktionsspielräume proaktiv(er) zu nutzen. Eignungsfaktoren von Selbstführung werden im nächsten Abschnitt, Ansätze zur Förderung von Selbstführungskompetenz durch Training und Coaching in den beiden übernächsten Abschnitten beleuchtet.

Kurz überprüft: Wird das Arbeitsumfeld proaktiv beeinflusst?

- Ich gestalte mein Arbeitsumfeld so, dass es positiv und leistungsfördernd auf mich wirkt. ☐

- Ich suche bewusst Orte auf, an denen mir selbst unangenehme Tätigkeiten leicht von der Hand gehen. ☐

- Ich bewege mich in einem beruflichen Umfeld, das mir auch persönlich wertvolle Impulse gibt. ☐

- Wenn ich möchte, dass Arbeitspartner ihr Verhalten ändern, gehe ich selbst mit gutem Beispiel voran. ☐

- Ich nutze Möglichkeiten, mein Arbeitsumfeld nach eigenen Vorstellungen zu gestalten. ☐

- Wenn ich etwas von Kollegen erwarte oder haben möchte, biete ich auch selbst etwas an. ☐

- Schränkt mich die Arbeit zu stark ein, suche ich Situationen mit mehr Handlungsspielraum auf. ☐

3 Eignungsfaktoren kompetenter Selbstführung

Kompetente Selbstführung setzt sich aus Kenntnissen und Fertigkeiten zusammen, die Personen befähigen, sich erfolgreich selbst zu führen. Zu den Bestandteilen kompetenter Selbstführung gehören implizites (intuitives) und explizites (reflektiertes) Wissen über die Funktionsweise psychischer Prozesse. Zudem implizites und explizites Wissen über Möglichkeiten, wie eigene psychische Potenziale aktiviert und eigene psychische Prozesse bewusst kontrolliert und zielgerichtet gesteuert werden können. Weiterhin Erfahrungswissen, wie erfolgreich implizites und explizites Wissen über Selbstführung bisher für persönliche Ziele und Vorhaben anwendbar gewesen ist und wie gut Strategien beherrscht werden, bei aktuellen Anforderungen wünschenswerte Ergebnisse zu realisieren (Müller, 2004b).

Es gibt gute Gründe für die Annahme, dass Personen im Allgemeinen selbstführungskompetenter sind als ihnen dies bewusst sein muss. Einerseits aufgrund latenter Selbstführung, die zum Teil auf physiologischer Handlungsregulation beruht. Ohne autonome Regulationsprozesse wäre der Organismus nicht überlebensfähig. Bewusst in viele kortikale, vegetative oder motorische Funktionsweisen einzugreifen, wäre zumeist mit Desorganisation des Handelns verbunden. Aber auch auf einer dem Bewusstsein potenziell zugänglichen Regulationsebene können Personen zielgerichtet handeln, ohne dass die dabei ablaufenden psychischen Prozesse notwendigerweise absichtsvoll kontrolliert oder gesteuert werden müssten. Dies ist in der Regel der Fall, wenn Handlungen auch aus stark habitualisierten oder hoch geübten Reaktions- und Verhaltensweisen bestehen.

Die bisher zur Messung kompetenter Selbstführung entwickelten Fragebögen erfassen in erster Linie das *Erfahrungs*wissen, d. h. reflektierbares Wissen darüber, welche Selbstführungsstrategien Personen bereits mehr oder weniger oft und mehr oder weniger intensiv praktizieren oder angewandt haben (Prussia et al., 1998: Houghton & Neck, 2002; Müller, 2006; Andressen & Konradt, 2007; s. o. 1.12 «Die eigene intuitive Selbstführungskompetenz ermitteln»). Diagnostische Erkenntnisse, die mit solchen Fragebögen gewonnen werden, erstrecken sich nicht auf alle Facetten kompetenter Selbstführung. Primär wird erfasst, welche Selbstführungsstrategien Personen durch Versuch und Irrtum, durch Intuition oder Einsicht gelernt und ihrem Repertoire an Denk- und Verhaltensweisen hinzugefügt haben. Nicht erfasst wird hingegen, wie viel Wissen Personen über selbstführungsrelevante psychische Prozesse besitzen und wie konsequent sie dieses Wissen einsetzen, um damit für sie wichtige Berufs- und Tätigkeitsziele zu finden, zu formulieren, zu verfolgen und zu erreichen.

Aus Befunden einer Reihe empirischer Untersuchungen ist ableitbar, dass Selbstführung mit einer Reihe persönlichkeitsspezifischer Merkmale korreliert, die aufgrund ihres zeit- und situationsstabilen Charakters Prognosen über eine *generelle Neigung*, sich selbst zu führen, ermöglichen (vgl. Houghton, Bonham, Neck & Singh, 2004). Prognostisch valide Informationen werden benötigt, wenn Unternehmen und Organisation interessiert daran sind, möglichst wenige Fehlentscheidungen bei der Auswahl und Einstellung von Stellenbewerbern zu machen. Im gegebenen Zusammenhang kann die Messung selbstführungsrelevanter Persönlichkeitsmerkmale dazu beitragen, dass Positionen mit Gestaltungsaufgaben von geeigneten Mitarbeitern oder Führungskräften besetzt werden.

Abbildung 12 zeigt wichtige Persönlichkeitsmerkmale kompetenter Selbstführung im Überblick.

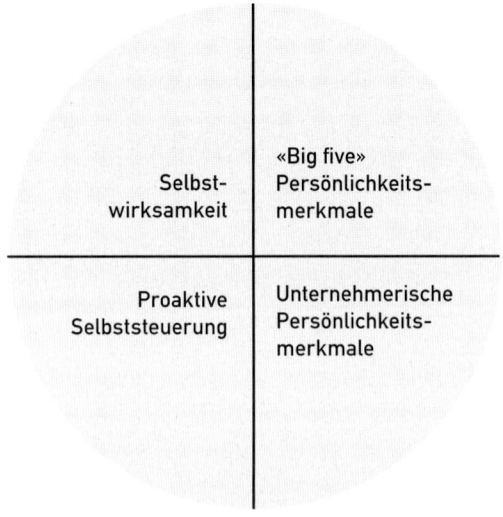

Abbildung 12: Persönlichkeitsmerkmale kompetenter Selbstführung

Ein Persönlichkeitsmerkmal, das Selbstführung begünstigt, ist *dispositionelle Selbstwirksamkeit* («self-efficacy»). Dispositionelle Selbstwirksamkeit lässt sich als dauerhaft vorhandenes und situationsübergreifendes Vertrauen in die Stärke und Verfügbarkeit eigener Fähigkeiten sowie als feste Überzeugung beschreiben, über Handlungsstrategien und -kompetenzen zu verfügen, mit denen sich wünschenswerte Ergebnisse realisieren lassen (Bandura, 1997). Selbstführung und dispositionelle Selbstwirksamkeit korrelieren positiv miteinander. Empirisch ermittelte Koeffizienten liegen zwischen r = 0.20 und r = 0.30, was einer Größenordnung moderater Zusammenhänge entspricht (Prussia et al. 1998; Müller, 2004b). Verfahren, mit denen dispositionelle Selbstwirksamkeit gemessen werden kann, enthalten Fragen wie z. B. «Es bereitet mir keine Schwierigkeiten, meine Absichten und Ziele zu verwirklichen» oder «Wenn sich Widerstände auftun, finde ich Mittel und Wege, mich durchzusetzen» (Jerusalem & Schwarzer, 1986)

Selbstführung korreliert auch mit Merkmalen des «big-five»-Persönlichkeitsmodells. Für die beiden Persönlichkeitsmerkmale *Extraversion* und *Gewissenhaftigkeit* wurden moderate bis mittelgroße Zusammenhänge (r = 0.30 bis r = 0.40) gefunden (Houghton, Bonham, Neck & Singh, 2004). Extraversion ist ein Merkmal, das durch Eigenschaften wie kontaktfreudig, kommunikativ, gesellig, aktiv, bestimmt und ambitioniert beschrieben werden kann. Zudem zeichnen sich extravertierte Personen durch positive Emotionalität, Begeisterungsfähigkeit und Optimismus aus. Gewissenhaftigkeit setzt sich aus Eigenschaften wie leistungsbereit, selbstdiszipliniert und pflichtbewusst zusammen. Typisch für gewissenhafte Personen ist überdies, dass sie planvoll und sorgfältig vorgehen sowie ausdauernd und selbstverantwortlich handeln. Im deutschen Sprachbereich können Extraversion und Gewissenhaftigkeit mit entsprechenden Skalen des NEO-Fünf-Faktoren-Inventars (NEO-FFI) oder Bochumer Inventars zur berufsbezogenen Persönlichkeitsbeschreibung (BIP) gemessen werden (vgl. Sarges & Wottawa, 2004). Itembeispiele aus der Extraversionsskala des NEO-FFI sind «Ich habe oft das Gefühl, vor Energie überzuschäumen», «Ich bin ein sehr aktiver Mensch» und «ich habe gerne viele Leute um mich herum». Gewissenhaftigkeit kann mit Items messen wie «Ich bin ein sehr systematisch vorgehender Mensch», «Ich kann mir meine Zeit recht gut einteilen, so dass ich meine Angelegenheiten rechtzeitig beende» und «ich habe eine Reihe von klaren Zielen und arbeite systematisch auf sie zu».

Ein ebenfalls selbstführungsrelevantes Persönlichkeitsmerkmal ist *dispositionelle Proaktivität*. Proaktive Personen neigen zum Handeln und haben wenig Schwierigkeiten, sich selbst zu motivieren. Sie haben das Bedürfnis, Einfluss auszuüben und ihr Umfeld zu gestalten und zu verändern. Äußeren Druck auszuhalten und selbst Druck zu erzeugen, sind weitere Kennzeichen dispositioneller

Proaktivität, ebenso, Handlungschancen zu erkennen und eigene Ziele ausdauernd zu verfolgen. Einzelne Merkmalsdimensionen von Proaktivität korrelieren mittelhoch mit Selbstführung. Es wurden Zusammenhänge mit der Fähigkeit, sich selbst zu motivieren ($r = 0.49$), mit dem Ausmaß an Planungsfähigkeit ($r = 0.46$) und der Bereitschaft, die Initiative zu ergreifen ($r = 0.43$) gefunden (Roux, 2007). Ein Verfahren, dispositionelle Proaktivität und einzelne ihrer Merkmalsdimensionen zu messen, ist das Selbststeuerungsinventar (SSI) von Fröhlich und Kuhl (2003). Es enthält Items wie «Ich kann mich meist ganz gut motivieren, wenn der Durchhaltewille nachlässt» (Selbstmotivierung), «Bevor ich mit einer Sache anfange, gehe ich die Einzelheiten erst einmal gedanklich durch» (Planungsfähigkeit) und «Wenn etwas zu erledigen ist, beginne ich am liebsten sofort damit» (Initiative).

Auch zwischen Selbstführung und *unternehmerischer Eignung* konnten Zusammenhänge gefunden werden. Die multiple Korrelation zwischen Selbstführung einerseits und verschiedenen Merkmalen der unternehmerischen Persönlichkeit andererseits liegt in der Größenordnung von $R = 0.50$ (Müller, 2008). Die Ausprägungen folgender Persönlichkeitsmerkmale tragen bedeutsam zu dieser Korrelation bei:

- *Analytische Problemlöseorientierung*: Problemlöseorientierung ist ein Persönlichkeitsmerkmal, das entsprechend disponierte Personen befähigt, erfolgreich mit neuen beruflichen Anforderungen umgehen zu können und der Bewältigung von «Nicht-Routine»-Aufgaben intellektuell gewachsen zu sein. Bei analytischer Problemlöseorientierung neigen Personen zur Anwendung von Fakten- und Detailwissen. Sie gehen Probleme eher induktiv an und ziehen es vor, einem festen Plan zu folgen, aus dem sich systematisch und Schritt für Schritt eine Lösung von Problemen ergibt.

- *Leistungsmotivstärke*: Leistungsmotivstärke ist ein Kernmerkmal der unternehmerischen Persönlichkeit. Leistungsmotivstarke Personen haben das Bedürfnis, beruflich nach Herausforderungen für eigene Fähigkeiten zu suchen und Tätigkeitsziele zu verfolgen, die anspruchsvoll sind, zugleich aber auch gute Realisierungschancen besitzen. Es sind die Arbeitsaufgaben und Leistungsherausforderungen selbst, die Personen reizen, und weniger Belohnungen, die sonst noch aus einer erfolgreichen Aufgabenbewältigung resultieren mögen.

- *Internale Kontrollüberzeugung*: Personen mit internaler Kontrollüberzeugung zeichnen sich dadurch aus, dass sie die Initiative ergreifen und bereit sind, Verantwortung zu übernehmen. Internal kontrollierte Personen erleben sich als selbstwirksam und führen das Zustandekommen beruflicher Erfolge eher auf eigene Absichten oder Anstrengungen als auf äußere Umstände oder das Dazutun anderer Personen zurück.

- *Allgemeine Antriebsstärke*: Antriebsstarke Personen können als «kraftvoll», «energiegeladen», «aktiv», «vital» und «dynamisch» beschrieben werden. Auch wenn antriebsrelevante physiologische Zustände und Erregungsniveaus zeitlichen Schwankungen unterliegen können, unterscheiden sich Personen bezüglich ihrer durchschnittlich vorherrschenden Antriebsstärke relativ stabil voneinander.

- *Durchsetzungsbereitschaft*: Unternehmerisch relevant sind mittlere Ausprägungen dieses Persönlichkeitsmerkmals. Auch für Personen, die sich selbst führen, ist übergroßes Harmoniestreben und häufiges Entgegenkommen wenig erfolgversprechend, ebenso übergroße Härte und Kompromisslosigkeit bei der Verfolgung eigener Ziele und Interessen. Bei mittleren Merkmalsausprägungen legen Personen Wert auf eine faire, kooperative und sozial annehmbare Auseinandersetzung mit anderen Personen.

- *Ungewissheitstoleranz*: Personen unterscheiden sich darin, wie erfolgreich sie mit offenen, intransparenten, unbekannten und wenig strukturierten Berufssituationen umgehen können. Ungewissheitstolerante Personen fühlen sich von solchen Situationen angezogen, schätzen deren Komplexität und setzen sich kreativ und konstruktiv mit ihnen auseinander. Ungewissheitsintolerante Personen ziehen strukturierte und überschaubare Situationen vor und versuchen, Ungewissheit zu vermeiden. In Situationen mit unklaren Anforderungen fühlen sie sich oft unwohl und reagieren defensiv oder unangepasst.

Ausprägungen der beschriebenen Persönlichkeitsmerkmale können mit dem Fragebogen zur Diagnose unternehmerischer Potenziale (F-DUP) gemessen werden. Itemsbeispiele sind in Form einer Kurzversion des Testfragebogens bereits weiter oben dokumentiert worden (s.o. *2.1.2*).

Zusammenfassend ergibt sich, dass Personen aufgrund bestimmter Persönlichkeitsmerkmale und Eigenschaftsausprägungen unterschiedlich selbstführungsaffin sein können. Die Größe festgestellter Zusammenhänge unterstreicht deren Relevanz und Nützlichkeit für die Personalauswahl in Unternehmen und Organisationen. Eignungsdiagnosen wären darüber hinaus aber auch sinnvoll und notwendig, wenn Selbstführungskompetenzen vermittelt oder trainiert werden sollen. Je nach dispositionellen Voraussetzungen, die Mitarbeiter und Führungskräfte mitbringen, tragen Trainingsveranstaltungen mehr oder weniger stark dazu bei, die Selbstführungskompetenz von Trainingsteilnehmern zu verbessern (siehe nächstes Kapitel).

4 Training von Selbstführungs-kompetenz

Unternehmen, Organisationen, Mitarbeiter und Führungskräfte können aus verschiedenen Gründen daran interessiert sein, Selbstführungskompetenzen zu erwerben oder vorhandene Selbstführungskompetenzen zu verbessern.

Für Unternehmen und Organisationen mag es eine Reihe von Anlässen geben, Fort- und Weiterbildungsveranstaltungen anzubieten, die Strategien effektiver Selbstführung vermitteln. Der Umgang mit Zeitdruck und zeitbedingten Belastungen am Arbeitsplatz gehört sehr oft dazu. Die Anwendung von Selbstführungsstrategien eröffnet Moglichkeiten, dass Beschäftigte ihren Arbeitsalltag effektiver organisieren, berufsbedingte Belastungen besser verkraften und sich insgesamt weniger überfordert fühlen. Weitere Anlässe mögen Schwierigkeiten sein, berufliche und familiäre Anforderungen miteinander vereinbaren zu können. In solchen Fällen kommt es häufig zu Krankschreibungen, da Engpässe bei der Versorgung von Kindern oder anderen Familienmitgliedern unüberbrückbar erscheinen. Auch hier lässt sich mit kompetenter Selbstführung erreichen, dass Lösungen gefunden werden, bei denen die Beschäftigten berufliche Pflichten nicht vernachlässigen oder Erwerbsinteressen zurückstellen müssen.

Aus individueller Sicht können kritische Situationen wie ein drohender oder bereits erfolgter Arbeitsplatzverlust zu den Anlässen gehören, sich mit Selbstführung beschäftigen zu wollen. Ebenso Wünsche, konkreten Anforderungen außerhalb üblicher Arbeitsroutinen gewachsen zu sein, z. B. schwierige Kunden zufrieden zu stellen, anspruchsvolle Projekte abzuwickeln, eine wichtige Karriereentscheidung zu treffen oder einen beruflichen Neuanfang zu riskieren. Weitere Gründe, sich für Selbstführung zu interessieren, mögen Absichten sein,

- eigene Willenskräfte zu stärken,

- selbstbewusster aufzutreten,

- leistungsfähiger zu werden,

- eigene Potenziale auszuschöpfen,

- eine positivere Einstellung beruflichen Veränderungen gegenüber zu entwickeln,

- den beruflichen Alltag durch mehr eigene Ideen und Impulse zu beleben,

- mit Zuversicht eine neue Erwerbskarriere zu starten, o. Ä.

4.1
Allgemeines Trainingskonzept

Da Selbstführung persönliche Initiative erfordert, sind Trainingsmaßnahmen darauf ausgerichtet, diese zu aktivieren und die hierfür nötigen Lernprozesse in Gang zu setzen. Dabei spielt es keine Rolle, für welche konkreten Anliegen kompetente Selbstführung benötigt wird. Im Zentrum einer Qualifizierung stehen Strategien und Methoden, mit denen Personen ihre psychischen Ressourcen und Potenziale erkennen und bewusst beeinflussen können.

Mit bestimmten Kernelementen werden in Selbstführungstrainings Voraussetzungen geschaffen, unter denen sich Teilnehmer unabhängig von konkreten Anlässen

- für ihre psychischen Ressourcen, Potenziale und Ziele sensibilisieren,

- Wissen über Prozesse und Strategien der Selbstführung erwerben sowie

- Fertigkeiten entwickeln, dieses Wissen mittels individueller Strategien anzuwenden.

Thematische Fokussierungen können sein,

- über neurowissenschaftliche und psychologische Grundlagen des Denkens, Fühlens und Handelns zu informieren (Storch & Krause, 2005).

- Strategien der Steuerung und Kontrolle von Motivation und Willenskräften zu vermitteln (Kehr, 2002; Martens & Kuhl, 2004).

- an der Optimierungen von Verhaltensweisen bei Zeit- und Selbstmanagementproblemen zu arbeiten (Kanfer, Reinecker & Schmelzer, 2005).

- Möglichkeiten von Selbstführung und Selbstcoaching beim Umgang mit beruflichen Veränderungen auszuloten (Ryschka, 2007).

Idealerweise sollte über die Trainingsveranstaltung selbst hinaus angeboten werden, im Rahmen von Telefon- oder Email-Kontakten oder durch Coachingbesuche am Arbeitsplatz die Selbstführungsaktivitäten von Trainingsteilnehmern weitergehend zu unterstützen. Dies ist wichtig, weil der Aufbau von Selbstführungskompetenz einen längeren Weg des bewussten Experimentierens, Lernens und Reflektierens erfordert, um nachhaltige Veränderungen im eigenen Denken, Fühlen und Handeln bewirken zu können. Diese Anforderung berücksichtigt das in **Abbildung 13** dargestellte allgemeine Konzept von Selbstführungstrainings (siehe Abb. 13).

Im Baustein «Sensibilisieren» setzen sich Trainingsteilnehmer vor dem Hintergrund ihrer kognitiven, motivationalen, volitionalen, emotionalen und aktionalen Lernziele mit der situationsspezifischen Funktionalität psychischer Ressourcen und Potenziale und den sich daraus ergebenden Bedingungen für den Aufbau von Selbstführungskompetenz auseinander. Damit soll sicher gestellt sein, dass sie in den folgenden Bausteinen ein optimal zu ihrer Person und beruflichen Situation passendes Repertoire an Selbstführungsstrategien finden und einüben können.

Im Baustein «Inventarisieren» geht es primär darum, auf einer breiten Basis über Selbstführungsmodelle zu informieren und Erfahrungslernen im Umgang mit konkreten Selbstführungsstrategien in Gang zu setzen. Hier werden Grundlagen für die reflektierte Selbstführung gelegt, die Trainingsteilnehmer dann im Baustein «Individualisieren» benötigen, um ihre jeweiligen Selbstführungsschwerpunkte zu konzipieren. Zu beiden Bausteinen gehören Übungen, wie man sich eigene Ziele setzt, Willenskräfte aktiviert, innere Bilder nutzt und Handlungsbarrieren überwindet.

Um Selbstführungskompetenz aufzubauen, alternieren im Baustein «Stabilisieren» Input-, Selbsterfahrungs- und Feedback-Anteile. Wichtig ist hierbei, Voraus-

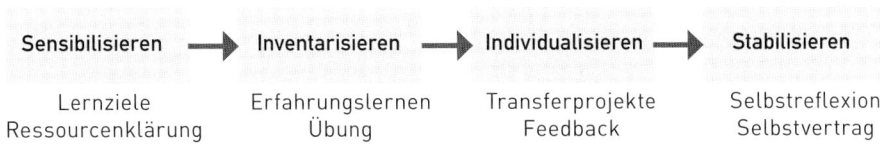

Abbildung 13: Bausteine eines Grundkonzepts von Selbstführungstrainings

setzungen für eine ausreichende Reflexion von Erfahrungen mit Selbstführung zu schaffen, damit sich das zunächst noch fragile Können bei der Anwendung von Selbstführungsstrategien zu festigen vermag.

Curriculum auf der Basis von Bausteinen eines Grundkonzepts von Selbstführungstrainings:

- Vorbereitungsgespräche (Sensibilisieren): Es werden individuelle Gespräche zur Erfassung persönliche Anlässe und Ziele der Trainingsteilnehmer geführt.

- Selbstlernphase (Sensibilisieren/Inventarisieren): Die Teilnehmer arbeiten vor Beginn des Trainings schriftlich aufbereitetes Material über Theorien, Strategien und Methoden der Selbstführung inklusive Selbst-/Fremdkontrollfragen durch. Mit dem Selbststudium erwerben sie notwendige Wissensgrundlagen, so dass im Training selbst die Inputphasen verkürzt und Übungs-/Reflexionsphasen intensiviert werden können.

- Präsenztraining (Inventarisieren/Individualisieren) mit aufeinander aufbauenden Modulen, in denen sich Input-, Diskussions-, Übungs- und Selbstreflexionsphasen abwechseln:

1. Halbtag (9.00 – 12.00)	2. Halbtag (14.00 – 17.30)	3. Halbtag (9.00 – 12.30)	4. Halbtag (14.00 – 17.30)
Übersicht + Erwartungen	Ziele/Motive	Selbstführungsstrategien	Individueller Transferplan
Selbstführungsbasis	Hirn-Wille-Psyche	Einüben von Strategien	Logbuch zur Unterstützung
Ressourcenklärung	Handlungsmodell	Verankern	Resümee/Selbstvertrag
Ziel: Grundlagenwissen	**Ziel: ganzheitliche Selbstführung**	**Ziel: Handlungssicherheit**	**Ziel: Transfersicherung**

- Begleitendes Coaching oder Supervision nach drei Monaten (Stabilisieren): Reflexion der individuellen Selbstführungspraxis mit einem externem Coach oder Austausch von Lernerfahrung in einem follow-up-Training.

4.2
Lerninhalte und Trainingsmethoden

Je nach Anlass, der den Erwerb oder das Training von Selbstführungskompetenz begründet, stehen unterschiedliche *Lerninhalte* im Vordergrund. Über Fokussierungen hinaus, die bereits im letzten Kapitelabschnitt genannt worden sind, kann sich die Wissensvermittlung und Trainingsarbeit nach Müller und Wiese (2008) auch auf folgende Themen erstrecken:

- Individuelle Denkstile.

- Körperwahrnehmung zur Identifizierung von Gefühlen und Stimmungen.

- Sensibilisierung für intuitive Impulse und spontane Regungen in Belastungs- und Entscheidungssituationen.

- Analyse von Stärken und Schwächen in zielrelevanten oder problematischen Kontexten und Aufgabensituationen.

- Aktivierung psychischer Ressourcen und Anwendung geeigneter Selbstführungsstrategien bei der Initiierung und Planung von Veränderungsvorhaben.

Oft sind es Probleme mit der Zeitverwendung am Arbeitsplatz oder Schwierigkeiten, Tätigkeiten termingerecht organisieren zu können, die Personen veranlassen, ihre Selbstführungskompetenz zu trainieren. Zu den Trainingsinhalten würde in diesem Fall gehören, Wissen über typische Zeitfallen zu vermitteln und mit Personen kognitiv-emotionale Regulationsstrategien zu entwickeln, die verhindern, dass verfügbare Arbeitszeiten überschätzt oder unzureichend eingeteilt werden. Dazu lernen Personen, realistische Zeitpläne aufzustellen, aufgabenadäquate Prioritäten zu setzen, die Verantwortung für bestimmte Tätigkeiten zu delegieren, kontrolliert mit Störquellen oder Unterbrechungen umzugehen und die Erledigung von Aufgaben passgenau mit eigenen Leistungs- und Biorhythmen zu synchronisieren.

Werden Problemanlässe mit einbezogen, die über eine Bewältigung zeitbedingter Fehlbeanspruchungen hinaus reichen und den Umgang mit allgemeinen Stressoren am Arbeitsplatz beinhalten (z. B. Gesundheitsbeeinträchtigungen, Arbeitsplatzunsicherheit, Überforderung durch raschen organisationalen Wandel oder Leistungsverdichtung), müssen zumeist auch Prozesse einer psychischen Stressregulation thematisiert, tätigkeitsübergreifende Strategien der Verhaltensänderung vermittelt sowie innere und äußere Widerstände bearbeitet werden, die den Lernprozess und Transfer des Gelernten beeinträchtigen können.

Soll noch weitergehend thematisiert werden, wie sich Realitäten des konkreten Arbeitslebens mit Vorstellungen einer wünschenswerten beruflichen Identität verbinden lassen oder selbstkongruente Tätigkeitsziele im Arbeitsalltag gefunden und verfolgt werden können, wäre ein stärkerer Einbezug von Lern- und Trainingsinhalten erforderlich, die auch latente Prozesse der Handlungssteuerung mit einbeziehen. Hierzu würde gehören, dass sich Personen während des Trainings mit ihren grundlegenden Bedürfnissen, Werten und Überzeugungen auseinandersetzen und der Identifizierung von Chancen widmen, die noch unausgeschöpfte Fähigkeitspotenziale bieten. Zudem hätten sie sich mit Strategien vertraut zu machen, die eine bewusste Aktivierung, Kontrolle und Steuerung eigener Gefühle, energetischer Zustände, Willenskräfte sowie Selbstmotivierungs- und Denkprozesse ermöglichen.

In Trainingsveranstaltungen wird zumeist mit einer breiten Palette didaktischer *Methoden* gearbeitet, um selbstführungsrelevantes Wissen zu vermitteln und Fertigkeiten bei der Anwendung von Selbstführungsstrategien zu schulen. Wenn über psychologische Grundlagen von Selbstführung informiert wird, geschieht dies zumeist durch schriftliche Materialien (Bücher, Skripte, Manuale, Textsammlungen) oder Vorträge, die von Dozenten oder Trainern gehalten werden. Um mit Beispielen von Selbstführung im offenen Verhalten vertraut zu machen, werden zusätzlich nicht selten auch Filmausschnitte oder Videoaufzeichnungen benutzt. Wissen über psychische Prozesse und deren selbstgesteuerte und -kontrollierte Beeinflussung ist ein wichtiger Bestandteil reflektierter Selbstführung und dessen Vermittlung eine notwendige Voraussetzung, Selbstführungskompetenz aufbauen und entwickeln zu können. Ebenfalls wichtig und von großer Bedeutung ist die Vermittlung selbstführungsrelevanten Handlungswissens. Handlungswissen zu vermitteln erfordert, dass im Training genügend Raum gelassen und Gelegenheit gegeben wird, Selbstführungsstrategien konkret anwenden und einüben zu können.

Handlungswissen für den Umgang mit arbeitsbedingtem Zeitdruck könnte dadurch erworben werden, dass Trainingsteilnehmer Strategien lernen und einüben, wie sich die Erledigungszeiten für bestimmte Tätigkeiten zuverlässiger schätzen lassen, wie man die tatsächlichen Zeiten von Tätigkeiten ermittelt, realistische Tages-, Wochen- und Monatspläne aufstellt, die Handhabung konventioneller oder moderner Zeitplanungssysteme beherrscht oder Ideen für die Abschirmung der eigenen Arbeit gegen Störungen generiert.

Bei Lernzielen, wie Trainingsteilnehmer ineffektive Arbeitsroutinen ändern, mehr Eigeninitiative entwickeln oder Tätigkeiten in größerem Umfang selbst organisieren können, wird sehr oft mit «behavior modeling»-Methoden gearbeitet. Zur Orientierung dient die Präsentation von vorbildlichem (manchmal auch sehr wenig vorbildlichem) Zielverhalten, um mentale Bilder wünschenswerter (oder weniger wünschenswerter) Verhaltensstrategien zu vermitteln. Vorbildliches Zielverhalten wird sodann in Rollenspielen erprobt und eingeübt, durch Feedback und positive Verstärkung stabilisiert und mittels gedanklicher Vergegenwärtigung konkreter Arbeitssituationen transfertauglich gemacht.

Können bereits im Training individuell zugeschnittene Selbstführungsprojekte für den beruflichen Alltag geplant und vorbereitet werden, lässt sich eine weitere Verbesserung des Lerntransfers erreichen. Angebote von Trainern, Lernfortschritte über Trainingsveranstaltungen hinaus zu begleiten oder zu supervidieren, sind Optionen, die es Personen ebenfalls erleichtern, mit neuen Denk- und Handlungsweisen auch unter realen Bedingungen zu experimentieren und Schwierigkeiten zu überwinden, die mit selbstführungskompetentem Verhalten am Arbeitsplatz verbunden sein können. Um Selbstführungsstrategien sicher zu beherrschen, muss auch außerhalb des Trainings weiter geübt werden, z. B. in der Form, zweckmäßigere Vorgehensweisen bei der Aufgabenbewältigung vorher mental zu simulieren oder Reaktionen auf mögliche Rückschläge in Selbstdialogen und visuellen Vorstellungen gedanklich durchzuspielen.

4.3
Erfolg von Selbstführungstrainings

Evaluationsstudien zeigen, dass mit dem Erwerb und der Entwicklung von Selbstführungskompetenz eine ganze Reihe positiver Effekte verbunden sein können (zsf. Müller & Wiese, 2008). Hierzu zählen ein besseres Zeitmanagement und damit zusammenhängend zumeist auch eine Steigerung der allgemeinen Arbeitsleistung. Außerdem nehmen Neigungen ab, wichtige Vorhaben aufzuschieben und sich durch Arbeitsaufgaben und Tätigkeitsanforderungen beunruhigt oder besorgt zu fühlen. Festgestellt wurde überdies, dass es Personen häufiger gelingt, berufliche und familiäre Aktivitäten zu koordinieren und miteinander zu vereinbaren, und dass Fehlzeiten am Arbeitsplatz zurückgehen. Ergebnisse aus Evaluationsstudien lassen ebenfalls erkennen, dass Selbstführungstrainings den Umgang mit Kunden und Geschäftspartnern verbessern und sich auch in einer Zunahme von Verkaufsabschlüssen niederschlagen. Weiterhin zeigt sich, dass der Erwerb von Selbstführungskompetenz das Leistungsvertrauen von Personen stärkt und dazu beiträgt, sich selbstwirksamer zu fühlen und zufriedener mit der Arbeit zu sein. Ein wichtiger Befund ist auch, dass Trainingsteilnehmer konstruktiver mit kritischen Berufs- und Lebenssituationen umgehen können. Verlieren sie den Arbeitsplatz, entfalten sie mehr Suchaktivität und haben häufiger Erfolg, eine neue Stelle zu finden als untrainierte Personen.

Weitere Effekte sind bei physiologischen und psychologischen Beanspruchungs-indikatoren nachgewiesen worden. Als Folge von Selbstführungstrainings nehmen Blutdruck und subjektives Stresserleben ab, desgleichen tätigkeitsbedingte Angstzustände, Gefühle von Überforderung, Nervosität und Beunruhigung. Der Erwerb von Selbstführungskompetenz bewirkt, dass Personen eine optimistischere Haltung der eigenen beruflichen Zukunft gegenüber einnehmen und stärker in Chancen denken, die ihnen aktuelle Arbeitsbedingungen bieten könnten. Mitarbeiter, die an Selbstführungstrainings teilgenommen haben, werden von ihren Vorgesetzten vorteilhafter in Bezug auf Ideengenerierung, Veränderungsneigung, Eigeninitiative und Durchsetzungsbereitschaft beurteilt. Über berufsbezogene Verbesserungen hinaus wirkt sich die Teilnahme an Selbstführungstrainings auch positiv auf die allgemeine Lebenszufriedenheit aus.

Die Erfolgsbilanz von Selbstführungstrainings enthält allerdings auch einige relativierende Befunde. So hat sich bisher weder zeigen lassen, dass Selbstführungstrainings die Karrieremobilität von Beschäftigten erhöht, noch ist überzeugend belegt worden, dass ein für effektive Willenssteuerung notwendiger Zugang zu impliziten Motiven erreicht werden kann. Vereinzelt hat der Erwerb von Selbstführungskompetenz sogar zur Verstärkung von Rollenambiguität und Intensivierung von Rollenkonflikten in Arbeitsgruppen beigetragen.

Lernerfolge sind überdies von individuellen Eignungsvoraussetzungen der Trainingsteilnehmer abhängig (s. o. Kapitel 4). Evaluationsstudien zeigen etwa, dass Selbstführungstrainings stärker bei solchen Personen anschlagen, die Probleme mit der Gewissenhaftigkeit am Arbeitsplatz haben. Eher weniger gewissenhafte Personen profitieren von gelernten Selbstführungsstrategien. Sie arbeiten konzentrierter und disziplinierter, organisieren besser, was zu tun ist, und legen mehr Zielstrebigkeit bei ihrer Arbeit an den Tag. Auch für dispositionelle Selbstwirksamkeit sind differenzielle Trainingseffekte gefunden worden. Größere Effekte wurden bei Trainingsteilnehmern festgestellt, die ein unterentwickeltes Vertrauen in eigene Fähigkeiten besitzen, Arbeits- und Lebensumstände in wünschenswerter Weise gestalten oder verändern zu können. Selbstführungsstrategien üben in gewissem Umfang kompensierende Wirkungen aus und helfen Personen, trotz eines unterentwickelten Selbstvertrauens offensiver zu agieren und zuversichtlicher mit beruflichen Aufgaben umzugehen. Da Persönlichkeitsmerkmale wie Extraversion, Proaktivität, Leistungsmotivstärke oder Problemlöseorientierung ebenfalls mit Selbstführungskompetenz korrelieren, dürfte auch bei diesen Merkmalen mit differenziellen Trainingseffekten zu rechnen sein.

4.4
Coaching und Selbstführungskompetenz

Zu den Aufgaben einer modernen Personalentwicklung in Unternehmen und Organisationen gehört nicht nur, Mitarbeiter und Führungskräfte fachliche fort- und weiterzubilden, sondern auch, die berufliche Selbstverwirklichung von Mitarbeitern und Führungskräften zu fördern (vgl. Wunderer & Dick, 2002). Ein wichtiges Förderungsinstrument – neben Trainingsveranstaltungen – ist Coaching (Backhausen & Thommen, 2003). Coaching unterstützt die bewusste Steuerung und Kontrolle psychischer Prozesse und gezielte Nutzung psychischer Ressourcen. Es vermittelt Einsichten in tiefer liegende Verhaltensursachen und hilft Personen, Zugang zu latenten Motiven, Einstellungen, Werthaltungen und Fähigkeitspotenzialen zu erhalten.

Aus der Coaching-Praxis:

In einem bei Braun (2005) dokumentierten Coachingfall wurde mit Konfrontationstechniken gearbeitet, um Einsichten über tiefere Ursachen störender Verhaltensweisen zu vermitteln. Eine sehr dominante Managerin erhielt dazu paradoxe Verhaltensverschreibungen wie z. B. «Ihr ausgeprägtes Ego wird es unmöglich machen, auch nur in Ansätzen die Meinungen anderer zu akzeptieren.» oder «Vergessen Sie am Besten jegliche Bemühung und Anstrengung, anderen zuzuhören. Sie schaffen das sowieso nicht!» Solche und andere Provokationen ähnlicher Art weckten den Widerstand der Managerin und führten dazu, dass diese ihr bisheriges Verhalten hin und wieder zurücknahm und stattdessen weniger dominant auftrat. Hierdurch erkannte sie zum einen, dass sie sich durchaus auch kooperativer verhalten kann, zum anderen aber auch, dass ein weniger direktives und bevormundendes Verhalten keineswegs schlechtere Führungsergebnisse nach sich ziehen muss.

Selbstcoaching, d. h. Coaching ohne fachkompetente externe Unterstützung wird wegen seiner eingeschränkten Feedbackmöglichkeiten kritisiert (Rauen, 2003). Auch Weiß (1993) argumentiert, dass ein neutraler und professioneller Coach wertvollere Rückmeldungen geben und die Selbstwahrnehmung um Facetten erweitern kann, die einer sich nur selbst coachenden Person verschlossen bleiben würden. Dennoch können Bestandteile von Coachingprozessen auch in eigener Regie genutzt werden (Klein, 2003). Eine konsequente Orientierung an Prinzipien der Veränderungsarbeit wie die Klärung neuer Zielperspektiven, das Hinterfragen von Gründen verschleppter Veränderungsprozesse, die gedankliche Strukturierung von Lösungsschritten, die Umsetzung von Lösungsschritten und Stabilisierung neuer Verhaltensweisen vermag eingeschränkte Feedbackmöglichkeiten zu überwinden, die Selbstwahrnehmung zu schärfen, die Auseinandersetzung mit inneren Werten und Motiven zu fördern, Willenskräfte zu aktivieren und die Entwicklung effektiver Problemlösestrategien zu verbessern.

Hilfe beim Einstieg in ein Selbstcoaching bietet ein Fragenkatalog, den Klein (2003) zusammengestellt hat.

Fragenkatalog zum Selbstcoaching (leicht gekürzt und modifiziert):

1. *Exploration der Vorgeschichte*: Welches berufliche Problem soll durch Selbstcoaching gelöst werden? Gibt es weitere Probleme, die lösungsbedürftig erscheinen? Was zeichnet die Dinglichkeit des aktuellen Problems aus? Gibt es Personen im beruflichen und privaten Umfeld, die von diesem Problem mitgetroffen sind? Wie groß ist die Gewissheit, das Problem tatsächlich lösen zu wollen? Wie große und von welcher Art sind mögliche Vorbehalte, die einer Lösung des Problems im Wege stehen könnten?

2. *Zielsetzungen*: Welche Ziele sollen mit der Lösung des aktuellen beruflichen Problems erreicht werden? Können diese Ziele positiv und objektivierbar definiert und formuliert werden? Was begründet die Dringlichkeit, diese Ziele jetzt erreichen zu wollen? Gibt es Arbeits- und Lebenspartner, die ebenfalls an einer Realisierung dieser Ziele interessiert sein könnten? Wenn nein, weshalb nicht? Wenn ja, aus welchen Gründen?

3. *Kriterien für eine erfolgreiche Problemlösung und Zielrealisierung:* An welchen Kriterien lässt sich der Erfolg einer Problemlösung festmachen? An welchen Indikatoren ist ablesbar, dass die angestrebten Ziele in wünschenswertem Umfang erreicht worden sind? Wie kann der wahrnehmbare und gefühlte Zustand beschrieben werden, der sich einstellt, wenn das aktuelle Problem gelöst und wesentliche Ziele erreicht worden sind?

4. *Zeitpunkt und Problemlösungsversuche in der Vergangenheit:* Aus welchen Gründen wird eine Problemlösung nunmehr durch Selbstcoaching

versucht? Welche anderen Versuche einer Problemlösung hat es in der Vergangenheit gegeben? Welche Gründe können zum Misserfolg bisheriger Problemlösungen beigetragen haben?

5. *Individuelle Ressourcen:* Welches Zeitbudget steht für eine Problemlösung und Zielrealisierung mittels Selbstcoaching zur Verfügung? Wie stark ist die Überzeugung ausgeprägt, mit Selbstcoaching auf dem richtigen Weg zu sein? Wie groß ist die Bereitschaft, Verantwortung für die Problemlösung und Zielrealisierung zu übernehmen?

6. *Innere Hindernisse:* Welche psychischen Barrieren, Widerstände und Abwehrhaltungen könnten durch Selbstcoaching ausgelöst werden? In welchem Umfang und Ausmaß würde das Auftauchen solcher Hindernisse eine Problemlösung und Zielrealisierung in Frage stellen?

7. *Soziale Unterstützung:* Welche Arbeits- und Lebenspartner können Unterstützung beim Selbstcoaching geben? Welche Art von Unterstützung wäre hilfreich und wünschenswert?

8. *Vertraulichkeit:* Wer soll auf welche Weise am Selbstcoaching teilhaben? Wer soll auf keinen Fall darüber informiert sein?

Eine Kombination von Selbstcoaching mit professionellem Coaching verspricht die besten Resultate. Sie führt zu einer intensiveren Reflexion über Beweggründe und Zielrichtungen des Arbeitsverhaltens und unterstützt die Realisierung von Veränderungsabsichten, die einer beruflichen Selbstverwirklichung von Personen zuträglich sind.

Selbstcoaching:

Im oben beschriebenen Coachingfall war die Managerin rasch in der Lage, ihr Kommunikationsverhalten selbst zu hinterfragen und Strategien einzusetzen, die sie ihren Führungszielen näher brachten. So imaginierte sie in der Folge regelmäßig Zielvorstellungen, Verhaltensabsichten und Handlungspläne und fragte nur dann externe Unterstützung nach, wenn sie den Eindruck hatte, mit eigenen Interventionen keine Fortschritte mehr zu erreichen.

5 Führung durch Selbstführung

Führung durch Selbstführung ist die freie Übersetzung des englischsprachigen Originalbegriffs «super-leadership». «Super» steht dabei nicht für eine elitäre Sonderstellung von Führungspersonen in Organisationen, sondern für ein eher egalitäres Management, dessen Hauptmerkmal die möglichst breite Verteilung von Macht, Einfluss und Verantwortung in Organisationen ist (Manz & Sims, 2001). Führung durch Selbstführung ist ein Ansatz, der sich von den meisten bisher formulierten und erforschten Führungstheorien unterscheidet. Zu einigen dieser Theorien sind jedoch auch Parallelen erkennbar (Müller, 2005a).

5.1
Unterschiede zu vorliegenden Führungstheorien

Manz und Sims (2001) verdeutlichen die Besonderheiten ihres Ansatzes, indem sie den «super-leader» von verschiedenen Prototypen des Führungsverhaltens abgrenzen, die in anderen Theorien psychologischer Führungsforschung beschrieben werden. Sie stellen dem «super leader» den «strong man», «transactor» und «visionary hero» gegenüber, denen man noch den «cooperator» hinzufügen kann, der ebenfalls eine gewisse Eigenständigkeit in Theorien psychologischer Führungsforschung besitzt (Northouse, 2007).

Dem «strong man» werden Merkmale zugeschrieben, die auch heute noch vielfach mit dem Stereotyp männlicher Führung verbunden sind: Überlegenheit, Dominanz, Machtstreben, Selbstbewusstsein, Durchsetzungskraft. Der «strong man» verhält sich autoritär, direktiv und produktivitätsorientiert. Er führt, indem er Befehle oder Anweisungen gibt, genaue Vorgaben macht und Aufgaben zuweist. Die Mittel, Folgeleistungen der Mitarbeiter sicherzustellen, sind mit starkem Leistungsdruck, Einschüchterung, Kritik, Drohung oder Bestrafung verbunden. Der «strong man» beherrscht, bestimmt und kontrolliert das Geschehen. Mitarbeiter haben keinen oder nur sehr wenig Freiraum, selbst Entscheidungen zu treffen und Tätigkeiten gemäß eigener Vorstellungen ausgestalten zu können. Selbstführung ist bei Mitarbeitern, wenn überhaupt, nur in minimalem Umfang möglich. Aber auch der «strong man» selbst hat sehr oft kaum mehr Autonomie, weil er in hoch reglementierten und strikt hierarchischen Organisationsstrukturen agieren muss.

Der «cooperator» zeichnet sich durch Merkmale aus, die mit stereotypen Vorstellungen von weiblicher Führung verbunden sind: Partnerschaftlichkeit, Partizipation, Teamorientierung, Verständnis, Einfühlungsvermögen. Der «cooperator» verhält sich demokratisch und führt, indem er sowohl aufgaben- als auch mitarbeiterbezogene Belange im Auge behält. Charakteristisch für ihn ist, dass Ziele und Aufgaben diskutiert, Regelungen vereinbart, Tätigkeiten aufeinander abgestimmt und Probleme gemeinsam gelöst werden. Die Mittel, Führungserfolge sicherzustellen, sind Überzeugung, freundliche Aufforderung, Ermutigung und Gruppendruck. Der «cooperator» moderiert, verteilt, vereinbart und lenkt Mitarbeiter sozial verträglich und psychologisch subtil. Mitarbeiter können mitbestimmen und Verantwortung übernehmen, wodurch auch Möglichkeiten, sich selbst zu führen, eröffnet werden. Trotzdem resultiert daraus nicht Führung durch Selbstführung. Es gibt nach wie vor unterschiedliche Zuständigkeiten und ein klares Über- und Unterordnungsverhältnis. Macht wird allenfalls weniger offen und direktiv ausgeübt. Als Folge von Gruppendruck oder aus Gründen, die kooperative Atmosphäre nicht stören zu wollen, können Möglichkeiten, sich selbst zu führen, sogar stark eingeschränkt sein.

Den Merkmalen, die für den «transactor» typisch sind, liegen Vorstellungen einer auf Austausch beruhenden Führung zugrunde: Reziprozitätsneigung, Offenheit für materielle oder immaterielle Bedürfnisse anderer Personen, Verhandlungstalent, Gespür für den lohnenden Einsatz von Ressourcen, die eine Führungsposition mit sich bringt. Der «transactor» zeigt ein auf kontingente Belohnung und Verstärkung beruhendes Führungsverhalten. Er setzt Leistungsziele und stellt für deren Erreichen Gratifikationen in Aussicht. Er hält erfolgreiche Mitarbeiter mit Zuwendungen bei Laune und entzieht Zuwendungen, wenn Mitarbeiter nicht die erwarteten Leistungen erbringen. Die Mittel, damit ihm Mitarbeiter folgen, sind der Aufbau verpflichtender Belohnungsguthaben, die Erfüllung oder Nichterfüllung von Mitarbeiterbedürfnissen und vertrauenswürdige Botschaften, dass mit Einlösung zugesagter Arbeitsergebnisse entsprechende Gegenleistungen verbunden sind. Der «transactor» bietet an, verspricht, stellt in Aussicht, setzt Anreize und sorgt dafür, dass ein fairer Ausgleich von Interessen und Ansprüchen stattfindet. Mitarbeiter können davon ausgehen, dass sie profitieren und Vorteile haben, wenn sie sich an explizite und/oder implizite Vereinbarungen halten. Bei der Wahl von Strategien, Verpflichtungen einzulösen, mögen Mitarbeiter gewisse Freiheiten haben und damit auch eigenverantwortlich handeln können. Dies ist jedoch nur dann der Fall, wenn sich Vereinbarungen primär auf Leistungsziele und Arbeitsergebnisse erstrecken und nicht zugleich auch auf Strategien und Wege, wie diese Ziele und Ergebnisse realisiert werden sollen.

Der «visionary hero» ist durch folgende Merkmale charakterisierbar: Inspirations- und Begeisterungsfähigkeit, Redegewandtheit, Weitsichtigkeit und das Talent, andere für notwendige und umfassendere Veränderungen in Organisationen zu gewinnen. Der «visionary hero» zeichnet sich durch ein charismatisches und mitreißendes Führungsverhalten aus. Er entwirft zukunftsweisende Szenarien mit Missionen, für die er Interesse weckt, notwendige intellektuelle Potenziale aktiviert und emotionale Bindungen stärkt. Die Mittel, Mitarbeiter zu motivieren, sind inspirierende Ideen, persönliche Ausstrahlung, Überzeugungskraft und ein Gespür für neue Perspektiven, die einen erfolgreichen organisationalen Wandel erwarten und individuelle wie auch gemeinsame Anstrengungen lohnend erscheinen lassen. Der «visionary hero» energetisiert, regt den kollektiven Veränderungswillen an und hält die Bereitschaft, den Wandel mit zu gestalten, so lange wach, bis er seine Vorstellungen genügend weit vorangebracht und umgesetzt hat. Mitarbeiter haben das Gefühl, optimistisch in die Zukunft blicken und durch eigenes Arbeitsengagement einen wichtigen Beitrag für die Erneuerung ihrer Organisation leisten zu können. Daraus ergeben sich auch Möglichkeiten zur Selbstführung. Allerdings nur im Rahmen mehr oder weniger konkreter Eckpunkte von Visionen und Missionen, die einen erfolgreichen Wandel bewirken sollen.

5.2
Berührungspunkte mit vorliegenden Führungstheorien

Führung durch Selbstführung weist zwar Berührungspunkte mit den soeben beschriebenen Ansätzen psychologischer Führungsforschung auf, ist jedoch allenfalls ein impliziter Bestandteil dieser Ansätze. Auch wird in diesen Ansätzen von einer streng hierarchischen Rollenverteilung ausgegangen, bei der sich Führungskräfte formal in der weisungsberechtigten und Mitarbeiter in einer weisungsgebundenen Position befinden.

Zwei ältere Ansätze und eine neuere Theorie psychologischer Führungsforschung lassen mehr Berührungspunkte als die bereits beschriebenen Ansätze erkennen. Bei den beiden älteren Ansätzen handelt es sich um die Theorie situativer Führung von Hersey und Blanchard (1993) und die Theorie der Führungssubstitute von Kerr und Mathews (1995), beim neueren Ansatz um die Theorie authentischer Führung von Avolio und Gardner (2005).

In der Theorie *situativer Führung* wird angenommen, dass der Erfolg eines bestimmten Führungsverhaltens von dessen Passung mit Besonderheiten des Umfelds abhängt, in dem Führung praktiziert wird. Implikationen dieser Annahme sind bereits mehrfach angesprochen worden, im Zusammenhang mit organisatorischen Rahmenbedingungen etwa, die ein mehr oder weniger günstiges Arbeitsumfeld für Selbstführung konstituieren können. Die Theorie situativer Führung macht auf ein Merkmal des Umfelds aufmerksam, das auch für eine erfolgreiche Führung durch Selbstführung bedeutsam ist: Mitarbeiter, die motiviert und fähig sind, selbstständig zu denken und eigenverantwortlich zu handeln. Eine diesbezügliche Reife von Mitarbeitern zeichnet sich der Theorie zufolge durch ein gut entwickeltes Leistungsstreben und ein fortgeschrittenes Können in aufgabenrelevanten Belangen aus. Sie ermöglicht und erleichtert es Führungskräften, Verantwortung zu delegieren und Mitarbeiter selbst entscheiden zu lassen, wie sie täglich anfallende Arbeiten koordinieren und bewältigen möchten.

Die Theorie der *Führungssubstitute* geht in ihren Annahmen noch einen Schritt weiter. Sie postuliert, dass Führung nicht notwendig nur von Führungskräften ausgehen muss. Stattdessen können auch technologische oder arbeitsorganisatorische Gegebenheiten Führung ausüben, ohne dass Anweisungen gegeben oder Vereinbarungen getroffen werden müssten. Diese Art von Führung kann sich in zwei sehr unterschiedlichen Erscheinungsformen äußern. Auf der einen Seite kann sie die Handlungs- und Gestaltungsspielräume von Mitarbeitern extrem einengen, wie dies bei so genannten «high demand-low control»-Tätigkeiten in hoch automatisierten Bereichen industrieller Fertigung der Fall ist. Auf der anderen Seite kann sie die Handlungs- und Gestaltungsspielräume von Mitarbeitern aber auch stark erweitern, wenn sich die arbeitsorganisatorischen Gegebenheiten durch intrinsisch motivierende Aufgaben, Domänen eigenverantwortlicher Tätigkeit, Toleranzregeln für Fehler und unternehmerische Freiheiten auszeichnen.

Die Theorie *authentischer Führung* lässt ebenfalls Berührungspunkte mit Führung durch Selbstführung erkennen. Authentische Führung geht von Vorgesetzten aus, die ein selbstkongruentes Auftreten haben, individuellen Standpunkten zugetan sind und ihr Handeln an persönlichen Überzeugungen und transparenten Grundwerten ausrichten. Sie erreichen Authentizität durch ein hohes Ausmaß an Selbstaufmerksamkeit und häufige Exposition von Verhaltensweisen, die zur Entwicklung positiver und vertrauensvoller Arbeitsbeziehungen beitragen. Authentische Führung schließt auch Vorbildwirkungen mit ein. Allerdings nicht in dem Sinne, Macht zu teilen und die Selbstbestimmung von Mitarbeitern zu stärken. Die Vorbildwirkung authentischer Führung zielt vielmehr auf authentisches Geführtwerden («followership») ab, das die hierarchischen Verhältnisse einer ungleichen Machtverteilung unangetastet lässt.

Demonstration impliziter Führungsvorstellungen in Selbstführungstrainings:

Mit einer bei Gallwey (2002) beschriebenen Übung kann bei Teilnehmern an Selbstführungstrainings bewusst gemacht werden, wie stark sich individuelles Denken und Handeln immer noch an herkömmlichen Vorstellungen von Führung orientiert.

Trainingsteilnehmer bilden jeweils 3-Personen-Gruppen, in denen ein Teilnehmer die Rolle der Führungskraft, ein Teilnehmer die Rolle des Mitarbeiters und ein Teilnehmer die Rolle des Beobachters übernimmt. Vor Beginn der Übung werden die Teilnehmer separat wie folgt instruiert: Alle Teilnehmer in der Rolle als Führungskraft erhalten die Information, dass sie von einem Mitarbeiter aufgesucht werden, der ihnen ein Anliegen vortragen möchte. Teilnehmer in der Mitarbeiterrolle werden instruiert, sich ein Anliegen auszudenken, das sie ihrem Vorgesetzten vortragen möchten. Teilnehmer in der Beobachterrolle erhalten die Instruktion, während des Gesprächs zwischen Führungskraft und Mitarbeiter lediglich darauf achten, wer «Eigentümer» des Anliegens ist.

Der Übungsverlauf ist typischerweise so, dass die Teilnehmer in der Rolle als Führungskraft das Anliegen des Mitarbeiters im Verlaufe des Gesprächs übernehmen und sich bemühen, eine Lösung zu finden. Nun kann gemeinsam überlegt werden, wie sich Führungskräfte verhalten könnten oder müssten, damit Mitarbeiter Eigentümer ihres Anliegens bleiben und das Gespräch mit der Einsicht verlassen «It's funny – You even got me to answer my own question» (Neck & Manz, 2007, S. 172).

Je nach Ergebnis gemeinsamer Überlegungen kann die Übung mit einer neuen Rollenverteilung wiederholt werden, um den Trainingsteilnehmern Gelegenheit zu geben, unterschiedliche Strategien zu erproben und deren Auswirkungen kennenzulernen.

5.3
Besonderheiten einer Führung durch Selbstführung

Führung durch Selbstführung weist konzeptuelle Besonderheiten auf, die ihre Eigenständigkeit im Kontext anderer Ansätze psychologischer Führungsforschung begründen. Besonderheiten lassen sich zunächst an Merkmalen festmachen, die den «super-leader» beschreiben. «Super-leader» zeichnen sich durch Selbstwirksamkeit, Optimismus, Delegationsbereitschaft, Unternehmergeist und kommunikative Flexibilität aus. Sie führen nicht mit direktiv oder subtil kommunizierten Anweisungen, sondern wie ein Coach mit Fragen, die Mitarbeiter dazu veranlassen, selbst nachzudenken und Lösungen für Probleme zu finden, die sich bei ihrer Arbeit stellen oder ergeben mögen. «Super-leader» praktizieren ein Führungsverhalten, das darauf hinausläuft, Macht und Einfluss zu teilen. Sie vermitteln die glaubwürdige Botschaft, dass Mitarbeiter für die in ihrem Arbeitsbereich anfallenden Tätigkeiten entscheidungsbefugt und verantwortlich sind. Sie ermutigen Mitarbeiter zudem, sich anspruchsvolle Leistungsziele zu setzen, und drücken Anerkennung für Anstrengungen aus, diese Ziele erreichen zu wollen. «Super-leader» sind kreativen Ideen gegenüber aufgeschlossen und unterstützen Eigeninitiative am Arbeitsplatz. Sie sorgen für individuell ausgestaltbare Arbeitsbedingungen und schneiden Aufgaben so zu, dass diese intrinsisch motivieren und Selbstbelohnungscharakter haben. «Super-leader» bauen bei ihren Mitarbeitern Zuversicht und Vertrauen auf, sich verändern und weiter entwickeln zu können. Sie respektieren jeden einzelnen Mitarbeiter und zeigen, wie sich Selbstführung im Arbeitsalltag konstruktiv auszuwirken vermag. «Super-leader» geben sichtbare Beispiele für Unvoreingenommenheit sich selbst und anderen gegenüber. Sie strahlen körperliche Fitness aus und lassen erkennen, wie man Willenskräfte situationsadäquat einsetzen und eigene Gefühle wirksam regulieren kann. Sie sind Modelle und Vorbilder für bewusste Selbstmotivierung und Aktivierung kognitiver Potenziale, die eine effektive Zeit- und Handlungsplanung sowie den erfolgreichen Erwerb neuer Handlungsfertigkeiten erkennen lassen.

«Super-leadership» weist Überschneidungen mit «personal mastery» auf, einem von Senge, Kleiner, Smith, Roberts und Ross (2000) vorgeschlagenen Konzept, das Bestandteil einer modernen Organisationsentwicklung sein sollte. Im Rahmen dieses Konzepts stoßen Führungskräfte und Mitarbeiter durch ihre eigene Weiterentwicklung auch organisatorische Veränderungen an. Senge et al. empfehlen, «personal mastery» mit gemeinsamen Visionen zu verknüpfen, damit Führungskräfte und Mitarbeiter erkennen, wie und in welchem Umfang ihre eigene Weiterentwicklung zur Entwicklung der gesamten Organisation beizutragen vermag.

«Personal mastery» in der Praxis:

Die junge Unternehmensleiterin einer mittelständischen Spedition möchte ihre Firma unter Beteiligung eines psychologischen Beraters neu ausrichten. Teil des Organisationsentwicklungsprozesses ist ein modernes Firmenleitbild, an dessen Gestaltung alle Führungskräfte des Unternehmens mitwirken sollen. In Workshops ermuntert die Geschäftsführerin ihre Führungskräfte, kreative Visionen über die künftige Ausrichtung von Dienstleistungsangeboten, Kundenkontakten und internen Beziehungen zu entwerfen. Nachdem genug Ideen gesammelt worden sind, sollen die Führungskräfte nur solche Visionen auswählen, die ihrer Ansicht nach zu einem Unternehmen passen, in dem sie ausgesprochen gerne arbeiten und sich persönlich weiterentwickeln würden. Für Visionen und Leitbilder mit entsprechend attraktiven Perspektiven werden sodann individuelle Beiträge zu deren Umsetzung vereinbart.

In Workshops und bei den sich anschließenden Diskussionen im Mitarbeiterkreis werden zahlreiche gemeinsame Wert- und Wunschvorstellungen transparent, so dass sich schließlich alle Organisationsmitglieder im neuen Firmenleitbild wiederfinden können. Die Umsetzung des Leitbildes und Neuausrichtung der Firma wird von starken Gefühlen der Selbstverpflichtung getragen, da sich hierin sowohl viel versprechende organisatorische Veränderungen als auch anreizstarke Perspektiven individueller Weiterentwicklung widerspiegeln.

Führung durch Selbstführung folgt ähnlichen Prinzipien wie sie von Hunt und Weintraub (2002) für *coachendes* Führungsverhalten beschrieben worden sind: Beide Ansätze basieren auf der Annahme, dass Mitarbeiter lernfähig und lernbereit sind und weder ständig bevormundet noch eng kontrolliert werden müssen (s. o. «Coaching»). «Super-leader» und coachende Führungskräfte sind überzeugt, dass Hilfestellungen, die sie bei der Weiterentwicklung von Mitarbeitern geben, letztlich allen zugute kommen, und dass sie selbst ebenfalls profitieren, wenn sie offen für Rückmeldungen und Lernanstöße aus dem Mitarbeiterkreis sind.

Kurz überprüft: Wie viel Führung durch Selbstführung lege ich an den Tag?

- Ich äußere Anerkennung, wenn Mitarbeiter Eigeninitiative an den Tag legen. ☐

- Mitarbeiter erhalten den nötigen Freiraum, ihre Arbeit nach eigenen Vorstellungen erledigen zu können. ☐

- Leistungserwartungen kommuniziere ich so, dass ich zunächst selbst mit gutem Beispiel vorangehe. ☐

- Ich lege Wert darauf, dass Mitarbeiter Probleme in ihrem Arbeitsbereich selbst lösen. ☐

- Es gehört zu meinen Führungsprinzipien, Macht und Verantwortung zu teilen. ☐

- Mitarbeiter dürfen selbst über Vorgänge in ihrem Aufgabenbereich bestimmen. ☐

- Ich achte darauf, dass die Individualität von Mitarbeitern respektiert wird und zur Geltung kommt. ☐

5.4
Vorgesetztenverhaltensbeschreibungen zur Messung von Führung durch Selbstführung

Die folgenden Vorgesetztenverhaltensbeschreibungen stammen aus einem Fragebogen, der erst vor kurzem entwickelt und empirisch überprüft worden ist (Butzmann, 2008). Es dürfte sich dabei um den ersten Fragebogen dieser Art handeln. Weder im deutsch- noch im englischsprachigen Bereich ist bisher versucht worden, Führung durch Selbstführung zu operationalisieren und mit einem standardisierten Instrument zu messen. Die ausgewählten Vorgesetztenverhaltensbeschreibungen sind Teil der *Fremdwahrnehmungsversion* des Fragenbogens.

Der folgende Fragebogen enthält 27 Beschreibungen von Verhaltensweisen, die Vorgesetzte zeigen können. **Wie gut wird hiermit jeweils das Verhalten Ihres/r derzeitigen Vorgesetzten beschrieben?** Ist die Beschreibung **sehr ungenau**, hinter dem betreffenden Verhalten bitte eine «**0**» notieren, ist sie **eher ungenau als genau**» eine «**1**» notieren, ist sie **eher genau als ungenau** eine «**2**» notieren und ist sie **sehr genau** eine «**3**» notieren. Am Ende des Fragebogens werden Hinweise zur Auswertung gegeben.

Mein Vorgesetzter/meine Vorgesetzte…

… ermutigt mich, darauf zu achten, bei welchen Tätigkeiten ich mich wohl fühle.   _

… sorgt für ein Arbeitsklima, das es erleichtert auch bei Schwierigkeiten gut gelaunt zu bleiben.   _

… möchte, dass ich mich bei anspruchsvollen Arbeitszielen voll mit diesen Zielen identifiziere.   _

… vermeidet es, fertige Lösungen zu präsentieren, wenn ich bei der Arbeit nicht weiterkomme.   _

… gewährt mir genügend Freiraum, neue Tätigkeiten umfassend lernen und erproben zu können.   _

… ermutigt dazu, Kollegen/innen freiwillig Hilfestellung zu gewähren.   _

… lässt mich Aufgaben übernehmen, die meinen Fähigkeiten am besten entsprechen.   _

… gewährt Freiräume, um die Arbeit nach eigenen Vorstellungen erledigen zu können.   _

… schätzt es, wenn man offen für Selbstkritik ist.   _

… vermittelt ein Bewusstsein, Probleme immer auch als Chance zu begreifen.   _

… gewährt freie Zeitbudgets, die für kreative Aktivitäten verwendet werden können.

… ermutigt mich, wenn ich nicht weiterkomme, innezuhalten und nach anderen Wegen zu suchen.

… äußert sich anerkennend, wenn ich Eigeninitiative zeige.

… gibt zumeist nur Empfehlungen, wenn ich wissen möchte, wie Aufgaben erledigt werden sollen.

… schätzt es, wenn ich selbst unangenehmen Tätigkeiten interessante Seiten abgewinnen kann.

… lässt mich spüren, dass er/sie meine individuellen Fähigkeiten schätzt.

… betont, wie wichtig es ist, eigene Fähigkeiten realistisch einschätzen zu können.

… erwartet, dass ich bereit bin, Veränderungen anzustoßen und mitzutragen.

… steht innovativen Vorschlägen aufgeschlossen gegenüber.

… gestattet, dass ich in meinem Arbeitsbereich selbstständig Entscheidungen treffe.

… berücksichtigt bei der Aufgabenverteilung, welche Wünsche und Bedürfnisse ich habe.

… spricht sich im Mitarbeiterkreis für eine gesundheitsbewusste Lebensführung aus.

… äußert sich positiv, wenn ich auf körperliche Fitness achte.

… gestattet, während des Arbeitstags Gelegenheiten zur Entspannung wahrzunehmen.

... spricht bei der Vereinbarung von Leistungszielen stets auch mögliche Hindernisse an.

... zeigt Verständnis, wenn ich nein zu Aufgaben sagen, die mich überfordern würden.

... ermutigt mich, auch bei Rückschlägen an eigenen Leistungszielen festzuhalten.

Auswertung:

Wenn die Antworten hinter allen Verhaltensbeschreibungen zusammenge-zählt werden, ergibt sich ein Punktwert für das Ausmaß an Führung durch Selbstführung, das der/die Vorgesetzte praktiziert.

Bei Werten von **54 Punkten und mehr** lässt das Vorgesetztenverhalten schon relativ viele Merkmale erkennen, die Führung durch Selbstführung auszeichnen würden. Solch ein Verhalten scheint bisher allerdings noch nicht allzuweit verbreitet zu sein. Eine Pilotstudie mit 175 Beschäftigten zeigt dies sehr deutlich: Nur in 17 % der Fälle beschreiben die Beschäftigen das Verhalten Ihre jeweilige Führungskraft so, dass die Summe der Antworten Punktwerte von 54 und mehr ergeben haben.

Werte zwischen 28 und 53 Punkten sprechen dafür, dass Mitarbeiter im jeweiligen Vorgesetztenverhalten mal mehr, mal weniger Merkmale beobachten können, die für ihre Eigenständigkeit am Arbeitsplatz zuträglich erscheinen. Der größte Anteil der Führungskräfte, deren Beschreibungen vorliegen, fällt in diese Kategorie (56 %). Bei ihnen können Verhaltenswei-sen, die Führung durch Selbstführung auszeichnen, zusammen mit koope-rativen, transaktionalen oder charismatischen Verhaltensweisen auftreten.

Werte bis 27 Punkten, die eine weitgehende Abwesenheit von Führung durch Selbstführung anzeigen, lassen sich in der Pilotstudie immerhin bei 27% der Fälle feststellen. Punktwerte von 27 und weniger legen den Schluss nahe, dass sich Vorgesetzte nicht oder nur in äußerst geringem Umfang bemühen, etwas für die Entwicklung und Selbstführung ihrer Mitarbei-ter zu tun. Hinter solche einer Beschreibung verbergen sich vermutlich

Vorgesetzte, die Mitarbeiter äußerst eng, direktiv und autoritär zu führen pflegen.

6 Selbstführungsgerechte Organisationsgestaltung

Sehr weit verbreitet ist auch heute noch die Vorstellung, dass menschliche Zusammenarbeit möglichst funktionsteilig und hierarchisch organisiert sein sollte. In der Praxis impliziert diese Vorstellung eine mehr oder weniger strikte Trennung von unmittelbar wertschöpfender Arbeit einerseits und koordinierend-administrativer Arbeit andererseits. Immer noch sind sehr oft Organisationsformen anzutreffen, deren kleinteilig funktionaler Aufbau und Gliederung einer ebenfalls ausdifferenzierten Management- und Verwaltungsstruktur bedarf, um die zur Herstellung von Produkten oder Dienstleistungen erforderlichen Tätigkeiten aufeinander abstimmen, steuern und kontrollieren zu können. Solche Organisationsformen bieten kein geeignetes Umfeld für Führung durch Selbstführung. Eine selbstführungsgerechte Organisationsgestaltung zeichnet sich stattdessen durch die im Folgenden beschriebenen Strukturmerkmale aus.

6.1
Dezentrale Strukturen und relative Leistungsverträge

Ein günstiges Arbeitsumfeld bieten Organisationen, die mit einem Minimum an zentralen Einrichtungen zur Leitung, Steuerung, Kontrolle und Koordinierung der Zusammenarbeit auskommen (Pfläging, 2006). Solche Organisationen sind um überschaubare und weitgehend eigenverantwortlich agierende Einheiten herum aufgebaut, in deren Zuständigkeit sowohl die operative Seite von Tätigkeiten als auch deren Management fällt. In diesen Einheiten ist jeder Mitarbeiter ein Mini-«executive officer» oder ein «Unternehmer im Unternehmen», der sich selbst führen können muss. Anstelle eines hierarchisch-zentralistischen Aufbaus hat die selbstführungsgerechte Organisation ein Netzwerk teilautonomer Teams, Arbeitseinheiten oder Funktionsbereiche (siehe Abbildung 14).

Das Bankhaus «Svenska Handelsbanken» etwa besitzt eine Profit-Center-Struktur mit über 550 weitgehend selbstständigen Filialen, der amerikanische Energieversorger AES ein lose gekoppeltes System von Produktions-, Fabrik- und Kraftwerkstandorten. Alle Funktionsbereiche beider Unternehmen haben freie Hand bei der Projektfinanzierung und Öffentlichkeitsarbeit, beim Einkauf und Personalmanagement sowie bei allen operativen Aufgaben, die die tägliche Zusammenarbeit mit sich bringt.

Ein weiteres Merkmal neben der dezentralen Organisationsstruktur ist die spezifische Art von leistungs- und ergebnisbezogener Steuerung der Organisation. Ein weit verbreiteter Standard ist nach wie vor, die Organisation durch vorgegebene Planziele zu steuern. Hierbei werden Leistungen retrospektiv erhoben und danach beurteilt, in welchem Umfang gesetzte Ziele erreicht worden sind. Unternehmen können auf diese Weise sehr erfolgreich agieren. Allerdings sind mit fixen Zielvorgaben nur Ausgestaltungsspielräume für *strategisches* Handeln verbunden, die ebenfalls eingeschränkt sein können, wenn nicht nur Ergebnisse, sondern auch Prozesse des Leistungsverhaltens beurteilt werden und Rechenschaft angelegt werden muss, auf welche Weise Ziele erreicht oder aus welchen Gründen Ziele verfehlt worden sind. Eine Alternative zu vorgegebenen Planzielen stellen *relative* Leistungsziele dar (vgl. Pfläging, 2006). Relative Leistungsziele werden nicht gesetzt, sondern selbst gewählt und verantwortet. Bei relativen Leistungszielen sorgt die Unternehmensleitung primär für ein offenes und herausforderndes Arbeitsklima, «in dem sich Teams und Mitarbeiter (nur) zur

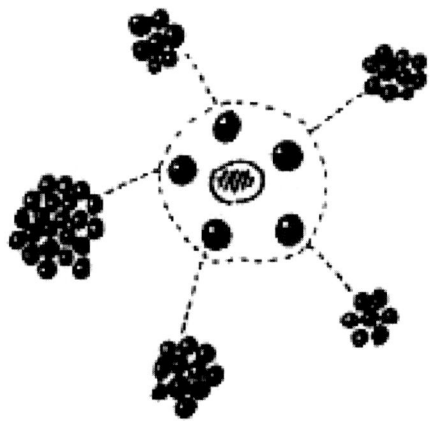

Abbildung 14: Schematische Darstellung einer dezentralen Netzwerkstruktur

Erarbeitung kontinuierlicher Leistungsverbesserung verpflichten. Management und Teams haben dabei ihrem Wissen und eigener Urteilskraft zu folgen, um sich veränderlichen Bedingungen und Umfeldern anzupassen» (Pfläging, 2006, S. 107). Es können sehr anspruchsvolle Leistungsziele sein, die einzelne Teams verfolgen und erreichen möchten. Diese Ziele sind jedoch nicht beurteilungsrelevant. Beurteilungsrelevant sind stattdessen die tatsächlich erreichten Leistungen relativ zu Leistungen aus Vorperioden oder eigenen Rangpositionen, die aufgrund von Benchmark-Leistungen externer und interner Wettbewerber ermittelt werden. Es gibt keine fixen Vorgaben der Unternehmensleitung. Die Unternehmensleitung stellt lediglich sicher, dass Vergleichsdaten und Ranglisten stets aktuell bleiben und alle Teams regelmäßig über entsprechende Informationen verfügen. Dass dieses Steuerungsmodell funktioniert, belegen Erfolge, die Unternehmen wie Ahlsell, Aldi oder Toyota damit gemacht haben bzw. nach wie vor machen.

Teilautonome Arbeitsgruppen als Bausteine dezentraler Organisationsstrukturen:

Teilautonome Arbeitsgruppen haben Handlungs- und Entscheidungsspielräume und dürfen selbst bestimmen, wie sie personell und aufgabenbezogen zusammenarbeiten möchten. Jedes Gruppenmitglied kann etwas zur Verbesserung der Kooperation und Steigerung gemeinsame Leistungen beitragen. Die Gruppe profitiert sowohl von der Selbstführungskompetenz einzelner Mitarbeiter als auch von einem selbstführungskompetenten Vorgesetztenverhalten (Cohen, Chang & Ledford, 1997). Teilautonome Gruppen bieten Mitarbeitern die Möglichkeit, eine ihren Bedürfnisse und Qualifikationen entsprechende Tätigkeit zu wählen und Verantwortung für Arbeitsergebnisse zu übernehmen, die aus dieser Wahl resultieren.

Selbstführung in teilautonomen Arbeitsgruppen bedeutet explizit *nicht*, ein zwanghaftes Harmoniestreben oder übersteigertes Wir-Gefühl zu kultivieren. Stattdessen sind individuelle Vielfalt und Offenheit gefragt. Ein entsprechendes Kooperationsklima zeichnet sich durch folgende Merkmale aus (vgl. Müller, 2007a):

- Abweichende Sichtweisen, Äußerungen und Vorschläge von Gruppenmitgliedern werden nicht unterdrückt. Gruppenmitglieder werden vielmehr ermutigt, sich mit klärungsbedürftigen Fragen ihrer Tätigkeit auseinanderzusetzen und nach Lösungen von Problemen zu suchen, die sich bei der Zusammenarbeit ergeben.

- Die Eigenständigkeit von Gruppenmitgliedern wird respektiert. Das, was jedes Gruppenmitglied zu sagen hat, wird ernst genommen. Ideen, Meinungen, Kommentare oder Einschätzungen Einzelner werden in der Gruppe angemessen berücksichtigt.

- Der Arbeitsgruppe ist bewusst, dass die in ihr vorhandenen Kenntnisse und Fähigkeiten begrenzt sind. Sie steht deshalb auch Anregungen, Vorschlägen und Sichtweisen aufgeschlossen gegenüber, die Mitglieder anderer Arbeitsgruppen oder externe Berater und Fachleute einbringen können.

- Kritik am gemeinsamen Kurs der Arbeitsgruppe oder an Aktivitäten anderer Gruppenmitglieder ist erlaubt, wenn sie offen vorgetragen und zur Diskussion gestellt wird.

- Auch exotische und ausgefallene Ideen sind willkommen, weil sie zu kreativen Problemlösungen und innovativen Verbesserungen von Arbeitsabläufen beitragen können.

6.2
Organisationskultur und Führungsphilosophie

Neben dezentralen Organisationsstrukturen und relativen Leistungszielen hängt es auch von einer geeigneten Organisationskultur und Führungsphilosophie ab, ob und in welchem Ausmaß Selbstführung in Unternehmen gewünscht ist und praktiziert werden kann.

Eine selbstführungsgerechte Organisationskultur ist an speziellen Werten und Normen erkennbar. Von besonderer Bedeutung sind Werte, die der Arbeit in Unternehmen zugeschrieben werden, und die mit solchen Werten kommunizierten Erwartungen, wie die Arbeit und Zusammenarbeit gestaltet sein sollten. Errungenschaften von Unternehmen, in denen entsprechende Werte zum Ausdruck kommen, zeichnen sich durch Tätigkeiten mit intrinsischem Anreiz und durch Aufgaben aus, deren Bewältigung Spaß macht, Stolz und Zufriedenheit hervorruft, Kreativität abverlangt und individuelle Erfolgserlebnisse vermittelt.

Sichtbare Zeichen einer entsprechenden Organisationskultur sind Arbeitsbedingungen, die den meisten Beschäftigten im Unternehmen Möglichkeiten bieten, wichtige Entscheidungen selbst zu treffen, vorhandene Leistungspotenziale auszuschöpfen und Verantwortung für resultierende Arbeitsergebnisse zu übernehmen. Bei der Firma W. L. Gore («Goretex»), deren Erfolgsgeschichte mit einer dauerhaft hohen Innovativität von Mitarbeitern und Führungskräften verbunden ist, gehört «Spaß» zum expliziten Bestandteil des Unternehmensleitbildes («make money and have fun»). Auch bei Guardian Industries, einem Unternehmen, das mit der Herstellung von Flachglas zum Weltmarktführer aufgestiegen ist, ist Arbeitsfreude Teil der Unternehmenskultur. Beide Organisationen geben damit keineswegs nur Lippenbekenntnisse ab, sondern schaffen tatsächlich Verhältnisse, die gewährleisten, dass Beschäftigte gerne arbeiten und sich herausgefordert fühlen, ihr Bestes zu geben. Nach Pfläging (2006) erreichen sie dies durch

- individuellen Zuschnitt von Aufgaben,

- Deregulierung und Wegfall bürokratischer Vorschriften,

- breit diversifizierte Tätigkeiten,

- Zusammenarbeit in kleinen überschaubaren Teams und

- relativ viel Zeit für selbstständige und schöpferische Arbeit außerhalb der durch funktionale Erfordernisse festgelegten Tätigkeitsanforderungen.

Dass Geschäftsmodelle, die eine zur Freude und Begeisterung stimulierende Organisationskultur besitzen, Wettbewerbsvorteile haben können, zeigt auch das Beispiel des amerikanischen Billigflugunternehmens Southwest Airlines. Ein von positiver Stimmung und freiwilliger Leistungsbereitschaft getragenes Engagement der Mitarbeiter trägt dort mit dazu bei, dass es dem Unternehmen bisher dauerhaft gelungen ist, Bestwerte beim Kundenservice und bei der Pünktlichkeit, Produktivität und Sicherheit zu erreichen.

Maximen einer selbstführungsrechten Führungsphilosophie sind verschiedentlich bereits beschrieben worden (s. o. «Führung durch Selbstführung»). Zur flächendeckenden Umsetzung einer entsprechenden Führungsphilosophie in der Organisation bedarf es jedoch besonderer Gestaltungsmaßnahmen. Zu den Maximen einer klassischen Führungsphilosophie gehört, dass die Unternehmensleitung weitgehend einer kleinen Elite von Topmanagern vorbehalten bleibt, deren herausgehobener Status dazu berechtigt, Spitzenpositionen in streng hierarchisch organisierten Unternehmen einzunehmen. Eine alternative Führungsphilosophie basiert zwar nicht auf rein basisdemokratischen Vorstellungen. Auch dezentrale Organisationsstrukturen besitzen Führungshierarchien. Diese umfassen jedoch selten mehr als drei Hierarchiestufen (siehe Abbildung 14). Zudem wird von Führungskräften explizit erwartet, dass sie Mitarbeitern ein weitgehend selbstbestimmtes Arbeiten ermöglichen. Solche Erwartungen können beinhalten, dass Führungskräfte Entscheidungen soweit wie möglich nach unten delegieren und Mitarbeitern allenfalls als Berater zur Seite stehen, wenn dies aufgrund einer besonderen Problemlage erforderlich erscheint. Gleichberechtigung zwischen Hierarchie-Ebenen ist die Regel, Machtunterschiede zwischen Belegschaftsmitgliedern sind minimal.

Pionier und erfolgreiches Vorbild einer weitgehend hierarchiefreien Unternehmensorganisation ist der brasilianische Anlagenbauer *Semco*. Zur Geschichte der Firma gehört, dass die vormals streng hierarchisch aufgebaute Organisation durch flächendeckende Teamstrukturen ersetzt wurde, die den Mitarbeitern volle Verantwortung für Fertigungsziele und -ergebnisse gab und Managern im Gegenzug einen Großteil ihrer Weisungsbefugnisse nahm (Semler, 1993). Entscheidungen, die Teams bei Semco eigenverantwortlich treffen können, reichen inzwischen über rein operative Belange hinaus und erstrecken sich auch auf die Einstellung und Entlassung von Teammitgliedern, die Ernennung und Abwahl von Teamleitern und auf Veränderungen, die bei der Gehalts-, Produkt- oder Preisgestaltung gewünscht werden. *Semco* kommt mit drei Hierarchie-Ebenen aus. Um die Aktivitäten verschiedener Teams aufeinander abzustimmen, gibt es keine zentrale Planung oder Administration. Die Zusammenarbeit wird stattdessen je nach Bedarf und Notwendigkeit informell koordiniert und in direkter Absprache geregelt.

Führungsphilosophie «Dialogische Führung»:

«Dialogische Führung» ist einer breiteren Öffentlichkeit bekannt geworden, weil sie eng mit der expansiven Entwicklung und hochprofitablen Ertragslage des Drogeriemarkt-Unternehmens *dm* und der Person seines Gründers Götz W. Werner verbunden ist (vgl. Dietz & Kracht, 2002). Götz W. Werner, der auch als Honorarprofessor an der Universität Karlsruhe tätig ist, beschreibt die bei *dm* umgesetzte Führungsphilosophie wie folgt (Werner, 2005, S. 21): Dialogische Führung «... wirkt indirekt: Der Mitarbeiter ist kein Werkzeug in der Hand des Unternehmers, sondern wird durch das Zutrauen als ein autonomer Teil des unternehmerischen Auftrags geachtet (...) Erst dann ist es für ihn möglich, auf Grund seiner eigenen Einsicht initiativ zu werden und nach Maßgabe dieser Einsicht nach dem Prinzip der Selbstführung – durch das ICH – zu handeln.» Dialogische Führung bemüht sich um *individuelle* Begegnungen mit Mitarbeitern, in denen es nicht um Überreden und Anordnen, sondern um Verstehen und Überzeugen geht. Weitere Aufgaben resultieren aus dem Grundsatz, *Transparenz* herzustellen, damit ein gleichberechtigter Dialog zwischen informierten Partnern stattfinden kann. Hier steht Führung in der Pflicht, Mitarbeiter über unternehmens- und tätigkeitsrelevanten Gegebenheiten und Veränderungen auf dem Laufenden zu halten bzw. mit Möglichkeiten des Zugangs zu entsprechenden Informationen zu versehen. Dialogische Führung berät, empfiehlt und vereinbart. *Empfehlungskultur* ist ein zentraler Bestandteil der Führungsphilosophie bei *dm*. Götz W. Werner sagt dazu sinngemäß in einem Interview (Müller, 2006a): «Wir versuchen, Anweisungen auf das absolut Notwendigste zu reduzieren, wo gesetzliche Bestimmungen eingehalten werden müssen oder Sicherheitsbedürfnisse im Raum stehen. Ansonsten bemühen wir uns, die Methode der Empfehlung anzuwenden, Empfehlung in dem Sinn, dass sie auf die gegebene Situation adaptiert, verbessert, übernommen oder auch ignoriert werden kann. Wir vertrauen darauf, dass Mitarbeiter als Eigentümer ihres jeweiligen Arbeitsprozesses aus eigener Verantwortung heraus angemessen handeln und optimale Resultate erzielen. Das macht nach unserer Erfahrung den Erfolg der Empfehlungskultur aus, der natürlich auf einer Dialog-Ebene stattfindet und nicht auf einem Vorgesetzten-Untergebenen-Verhältnis beruht.»

Eine ähnliche Philosophie liegt dem *konsultativen Einzelentscheid* zugrunde (Pfläging, 2006). Mitarbeiter können und dürfen bei ihrer Arbeit selbstständig entscheiden und handeln. Wenn Entscheidungen potenziell jedoch auch negative Folgen für das Team, die Kooperation zwischen Teams oder das ganze Unternehmen haben könnten, sind Mitarbeiter gehalten, kundige Organisationsmitglieder zu konsultieren und deren Einschätzungen mit zu berücksichtigen. Sehr anschaulich wird die Notwendigkeit einer Konsultation bei W. L. Gore kommuniziert. Die Belegschaft soll ihr Unternehmen mit einem Schiff vergleichen, auf dem jeder selbst Entscheidungen treffen darf. Dabei kann es zu Fehlern kommen, die unproblematisch und tolerierbar sind, wenn Entscheidungen Folgen haben könnten, die Löcher *oberhalb* der Wasserlinie nach sich ziehen würden. Unterhalb der Wasserlinie würden Lecks jedoch existenzielle Gefahren heraufbeschwören. Das Unternehmen erwartet daher, dass alle Mitarbeiter und Führungskräfte wissen, wo die Wasserlinie in ihrem jeweiligen Verantwortungsbereich verläuft, und auf dieser Grundlage einschätzen können, wann und in welchem Umfang andere Mitglieder der Organisation vor Entscheidungen einbezogen werden sollten.

6.3
Voraussetzungen struktureller Veränderungen

Nach Pfläging (2006, S. 254 ff.) ist es in der Regel nicht möglich, Organisationen selbstführungsgerecht umzugestalten, wenn diese an hierarchisch und funktional stark ausdifferenzierten Strukturen festhalten möchten. Ohne grundlegenden Systemwandel sind kaum Optionen für eine erfolgversprechende Entwicklung von Organisationen vorhanden, weil Bedingungen, unter denen Selbstführung und Führung durch Selbstführung funktionieren, im Widerspruch zu Gegebenheiten einer Leitung, Steuerung und Kontrolle solcher Organisationen stehen. Gleichwohl gibt es Beispiele, wie dennoch ein rascher Wandel gelingen kann. Dazu müssen allerdings eine starke Vision und ein überzeugend vorgetragener Wille zur Veränderung vorhanden sein. Ebenso eine tiefe Unzufriedenheit mit der aktuellen Situation im Unternehmen und großer Mut, etwas völlig Neues angehen und mittragen zu wollen. Die schwedische Firma Ahlsel, ein auf Geschäftskunden spezialisiertes Baumarktunternehmen, hat auf diese Weise für ihre eigene Umstrukturierung nur drei Monate benötigt und die dabei gewonnenen Erfahrungen auch zur Eingliederung zahlreicher Akquisitionen benutzt, die eine erfolgreiche Entwicklung dieses Unternehmens seither begleitet haben.

Ist eine Organisation hinreichend selbstführungsgerecht gestaltet?

Mit einer Reihe von Fragen kann dies ermittelt werden (Müller, 2007a). Je häufiger die Antwort «Ja» lautet, desto selbstführungsgerechter ist die Organisation gestaltet:

- Lassen dokumentierte oder informell geteilte Grundwerte der Organisation Prinzipien von Selbstführung und Führung durch Selbstführung erkennen (Eigeninitiative, Spaß, Ergebnisverantwortung)?

- Besitzt die Organisation eine flächendeckende Teamstruktur, bei der auch operative Einheiten über weitreichende Entscheidungsbefugnisse verfügen?

- Zeichnet sich die Organisation durch eine flache Hierarchie und geringe Anzahl zentraler Funktionsbereiche aus?

- Werden Leistungen in der Organisation mittels relativer Ziele (Verbesserungen im Vergleich zu Vorperioden oder internen/externen Benchmarks) beurteilt?

- Verfügen Mitarbeiter und Führungskräfte über freie Zeitbudgets, die sie für kreative oder bildungsbezogene Aktivitäten verwenden können?

- Können operative Einheiten selbst entscheiden, welche Kriterien und Methoden sie anwenden möchten, um neue Mitarbeiter zu finden und einzustellen?

- Herrscht Transparenz über tätigkeitsrelevante Gegebenheiten und geplante Veränderungen in der Organisation?

- Haben Mitarbeiter und Führungskräfte Zugang zu Informationen, die sie benötigen, um Auswirkungen ihrer Entscheidungen und Handlungen besser abschätzen zu können?

- Ist die Organisationsleitung erkennbar bemüht, eine Erfolgsgemeinschaft zu formen, die auf persönlicher Initiative, Selbstdisziplin und Eigenverantwortung basiert?

- Ist das Entlohnungssystem so gestaltet, dass Organisationsmitglieder neben einem Grundgehalt auch eine variable Vergütung erhalten, deren Höhe am Erfolg des Teams bemessen wird?

- Bietet die Organisation ihren Mitgliedern eine Erfolgsbeteiligung an?

In der Pilotstudie von Butzmann (2008; s.o. 5.4) sollten die Untersuchungsteilnehmer nicht nur angeben, in welchem Umfang das Verhalten ihrer Vorgesetzten Führung durch Selbstführung erkennen lässt. Darüber hinaus sollten sie einschätzen, in welchem Umfang die Organisation, in der sie arbeiten, selbstführungsgerecht gestaltet ist. Hierfür waren die elf im Kasten enthaltenen Fragen als Aussagen umformuliert worden, die danach eingestuft werden sollten, ob sie für die eigene Organisation entweder nicht zutreffen («0»), teilweise zutreffen («1») oder großenteils zutreffen («2»). Auch hier zeichnet sich ab, dass in nur 15 % der Fälle weitgehend selbstführungsgerecht gestaltete Organisationsstrukturen wahrgenommen werden (Fragebogenwerte von 16 und höher) und dass in immerhin 22 % der Fälle eine weitgehende Abwesenheit von selbstführungsgerecht gestalteten Organisationsstrukturen konstatiert wird (Fragebogenwerte von 8 und niedriger). Die meisten Organisationen werden so beschrieben, dass einige selbstführungsrelevante Strukturmerkmale vorhanden sind, andere nicht, die meisten Organisationen also gewisse Gestaltungsfreiheiten ermöglichen, dabei jedoch kein durchgängiges und von klassischen Organisationsformen abweichendes System erkennen lassen. Die Beschreibung des Vorgesetztenverhaltens korreliert signifikant mit der Beschreibung der Organisationsstruktur (r = 0.55). Je selbstführungsgerechter die strukturellen Bedingungen erscheinen, desto mehr Führung durch Selbstführung wird auch im Verhalten von Vorgesetzten wahrgenommen. Zwischen Struktur und Führung ist demnach ein Zusammenhang nachweisbar. Die bereits an der einen oder anderen Stelle hervorgehobene Bedeutung des organisatorischen Kontexts für Führung durch Selbstführung erhält hierdurch eine erste empirische Bestätigung.

7 Selbstführung im Licht innerer Grundhaltungen

Abschließend sollen noch einige Überlegungen präsentiert werden, die auf Grundhaltungen sich selbst und anderen gegenüber Bezug nehmen, wobei «Andere» sowohl direkte Interaktions- und Kooperationspartner als auch soziale Systeme wie Arbeitsgruppen, Funktionsbereiche oder Organisationen sein können.

Eine erste für Selbstführung relevante Grundhaltung ist die von Martens und Kuhl (2004) beschriebene *Gestaltergrundhaltung*. Personen mit dieser Grundhaltung sind überzeugt, etwas in ihrem Leben bewirken, verändern und erreichen zu können. Sie sind handlungsorientiert und zumeist in der Lage, psychische Ressourcen (Kenntnisse, Kompetenzen, Willenskräfte) zu aktivieren, wenn sie Vorhaben realisieren oder Leistungen erbringen möchten. Sie zögern nicht, wenn etwas zu entscheiden, zu tun oder zu veranlassen ist, und ergreifen die Initiative, ohne dazu aufgefordert werden zu müssen. Eine Gestaltergrundhaltung korrespondiert auch mit der Fähigkeit, negative Gefühle rasch herabregulieren zu können. Personen sind in diesem Fall zu einer schnelleren Verarbeitung von Enttäuschungen, Frustrationen oder Misserfolge in der Lage und können erneut eine positive Gefühlslage herstellen. Dadurch haben sie wiederum Zugriff auf Inhalte ihres Extensionsgedächtnisses, in dem eine große Fülle nützlicher Erfahrungen und Bewältigungsstrategien gespeichert ist. Entsprechend verfügen sie auch rascher über Optionen, situationsangepasst (re)agieren zu können.

Als zweite Grundhaltung ist eine *nicht-bewertende (Selbst)Aufmerksamkeit* («nonjudgmental awareness») zu nennen. Selbstführungsrelevant ist diese von Gallwey (2002) beschriebene Grundhaltung vor allem für den Umgang mit «inneren Mitarbeitern», d.h. psychischen Ressourcen und Potenzialen, die zur Formulierung und Realisierung wünschenswerter Berufs- und Lebensziele benötigt werden. Prinzipien, die eine Führung durch Selbstführung auszeichnen und für den Umgang mit Mitarbeitern am Arbeitsplatz charakteristisch sind, haben ihr Pendant in Prinzipien, denen eine Aktivierung, Steuerung und Kontrolle innerer Mitarbeiter zu folgen hätte. Dem nicht-direktiven, coachenden Führungsverhalten nach außen entspricht eine unvoreingenommen beobachtende Haltung nach innen sowie eine Art der Selbststeuerung und Selbstkontrolle, die psychische Ressourcen und Potenziale in ihren Besonderheiten (Stärken, Schwächen, Möglichkeiten) würdigt und als gleichberechtigte Partner für eine Klärung von Frage akzeptiert, welche Berufs- und Arbeitsziele aus welchen Gründen verfolgenswert erscheinen.

Eine dritte Grundhaltung kann als *sozial-ökologisch* bezeichnet werden. Selbstführung findet nicht im sozialen Vakuum statt. Ein ausschließlich ich-zentriertes, narzisstisches Selbstverwirklichungsideal ist daher keine Leitvorstellung, die für sich selbst führende Personen typisch ist. Zwar gilt, dass Personen für ihre berufliche Weiterentwicklung Initiative zeigen und möglichst selbstkongruente Ziele verfolgen müssen. Die dabei maßgebliche Leitvorstellung beinhaltet jedoch, dass auch Verantwortung für Andere übernommen wird (Bekmann, 1999), dass die eigene Weiterentwicklung auch mit einer Weiterentwicklung sozialer Beziehungen einhergeht (Waele, Morval & Sheitoyan, 1993) und dass Grundsätze des fairen Umgangs miteinander beachtet werden (Müller, 2006c). Selbstführung mit einer sozial-ökologischen Grundhaltung bringt keine Egomanen hervor. Sie trägt vielmehr zur Herausbildung von Persönlichkeiten bei, die durch ihr Vorbild andere Menschen ermutigen, ebenfalls zu aktiven Gestaltern ihres Arbeitslebens zu werden. Eine sozial-ökologisch orientierte Selbstführung besitzt *Passung*, zum einen mit Zielen und Wünschen der eigenen Person («innere Passung»), zum anderen aber auch mit Erwartungen und Gegebenheiten, die im sozialen Umfeld vorhanden sind («äußere Passung»).

Die vierte Grundhaltung enthält ein an inneren und äußeren Realitäten orientiertes *Machbarkeitsbewusstsein*. Sie relativiert das Credo mancher Selbstführungsforscher und Selbstführungstrainer, deren Veröffentlichungen ungetrübten Erfolgsoptimismus verbreiten (Manz & Neck, 1999; Robbins, 1992; vgl. auch Kanning, 2007). Robbins etwa propagiert, dass jeder Mensch über genügend Kraft und Potenzial verfügt, um seine Erfolgsträume Wirklichkeit werden zu lassen. Tatsächlich eröffnet jedoch selbst kompetenteste Selbstführung nicht unbegrenzte Möglichkeiten, und zwar aus folgenden Gründen: Personen können nicht nach Belieben auf Gegebenheiten des Umfelds einwirken, die ihrem Streben nach Selbstverwirklichung im Wege stehen. Organisationen bieten auch höheren Führungskräften nicht immer die Freiräume, die sie benötigen würden, um eigene Gestaltungsideen umzusetzen oder Arbeitsbedingungen ihren Bedürfnissen gemäß zu ändern. Personen können sich auch nicht beliebig über Grenzen hinaus entwickeln, die durch ihre genetische Ausstattung und durch früh geprägte Dispositionen abgesteckt sind. Aber selbst im Rahmen ihrer Möglichkeiten wollen Personen sich nicht immer verändern oder weiter entwickeln. Zur individuellen und sozialen Identität gehört stets auch ein stabiler Persönlichkeitskern, der bewusst oder unbewusst sogar *gegen* Veränderungen in Schutz genommen wird. Selbstschutz und Selbstführung müssen einander nicht ausschließen. Beides kann der Selbstverwirklichung dienen, wenn Personen damit erreichen, eine zu ihren Potenzialen, Wünschen und Bedürfnissen passenden Arbeitsstil zu finden.

Die fünfte Grundhaltung ist mit dem Machbarkeitsbewusstsein verwandt und kann als fokussierte *Entwicklungsorientierung* bezeichnet werden. Selbstführungsstrategien zu beherrschen, sagt für sich gesehen noch nichts darüber aus, wie sinnvoll und zweckmäßig diese Strategien eingesetzt werden und ob ihr Einsatz tatsächlich auch optimale Resultate verspricht. Eine erfolgversprechende Grundhaltung zielt darauf ab, Selbstführungsstrategien primär einzusetzen, um vorhandene *Stärken* zu identifizieren und diese weiter auszubauen. Obwohl mit der Anwendung von Selbstführungsstrategien in gewissem Umfang auch Schwächen kompensiert oder deren Nutzen erkannt werden können, ist die Verbesserung wenig ausgeprägter Fähigkeiten relativ aufwandsintensiv. Des Weiteren lassen sich Fähigkeiten auf diese Weise selten soweit verbessern, dass Personen in der Lage sind, Spitzenleistungen zu erbringen. Eine Orientierung, die auf Kompensation von Defiziten setzt, läuft zudem Gefahr, dass Personen Größe und Umfang eigener Entwicklungsmöglichkeiten überschätzen. Selbstführungsstrategien zu kennen und zu beherrschen ist daher eine Sache, sich mit ihnen erfolgreich selbst zu verwirklichen oft jedoch eine andere. Schulz von Thun (1984) führt dazu aus: «So wie die Landgewinnung in Nordfriesland niemals mit dem Meer anfängt, sondern vom Festland aus den Raum erweitert, so kommen wir persönlich wahrscheinlich am besten voran, wenn wir uns auf unsere schon vorhandene Substanz besinnen. Dabei mögen auch Löcher gestopft und Defizite behoben werden können, aber im Wesentlichen geht es darum, die vorhandene Substanz zu erweitern.» (S. 48).

Die nach innen gerichtete Grundhaltung nicht-bewertender (Selbst)Aufmerksamkeit hat ihr Pendant in der nach außen gerichteten Grundhaltung *nicht-direktiver Einflussnahme*. Diese sechste Grundhaltung impliziert, dass Mitarbeiter oder andere Kooperationspartner als Personen betrachtet werden, denen zugetraut werden kann, Probleme in ihrem Tätigkeitsbereich selbst zu lösen. Bei der Personalführung legt eine entsprechende Grundhaltung nahe, die Handlungsspielräume der Mitarbeiter zu erweitern, Mitarbeitern die Prozess- und Ergebnisverantwortung in ihren jeweiligen Tätigkeitsbereichen zu übertragen und für Arbeitsaufgaben zu sorgen, die als interessant und herausfordernd erlebt werden. Auf kommunikativer Ebene drückt sich nicht-direktive Einflussnahme durch aktives Zuhören, coachendes Fragen und appellfreies Aufzeigen von Handlungsalternativen aus. Nach Neck und Manz (2007) kann Mitarbeitern und Kooperationspartnern auf diese Weise am besten geholfen werden, zu eigenen Einsichten und Problemlösungen zu gelangen.

Die siebte Grundhaltung ist *Toleranz ungewissen Handlungsfolgen gegenüber*. Diese Unbestimmtheitstoleranz ist nützlich, weil der Impuls, sich selbst zu führen, nicht selten aus inneren Spannungen resultiert und Personen zunächst nicht vorhersehen können, ob sich Anstrengungen, die Initiative zu ergreifen oder Veränderungen einzuleiten, auszahlen werden. Wenn Personen sich selbst führen, planen, entscheiden und handeln sie anfänglich oft mit unsicherer Perspektive. Der Wunsch, etwas zu tun oder zu verändern, ist vorhanden, bekannte Handlungsstrategien und Verhaltensroutinen mögen jedoch nicht ausreichen, ein beabsichtigtes Vorhaben realisieren zu können. Personen stehen besonders bei mittel- und längerfristigen Vorhaben immer wieder vor neuen Herausforderungen. Aus der Forschung zum komplexen Problemlösen ist bekannt, dass es keine festen Regeln für den erfolgreichen Umgang mit Situationen gibt, deren Ausgang auf Grund zu vieler ungekannter Faktoren ungewiss ist (Strohschneider, 2002). Durch Selbstreflexion und Versuch-und-Irrtum nähern sich Personen einer erfolgreichen Situationsbewältigung an. Allerdings nur, wenn sie auch tolerant gegenüber ungewissen Handlungsfolgen sind.

Die achte Grundhaltung ist der Teil einer unternehmerischer Orientierung, der auf *philanthropischem Vertrauen* und der Überzeugung basiert, dass sich Menschen beruflich weiter entwickeln möchten, dass Mitarbeiter und Führungskräfte interessiert sind, ihre Zusammenarbeit zu verbessern, dass sich Organisationsmitglieder mit ihrer Tätigkeit identifizieren möchten, dass Beschäftigte Wertschätzung mit Leistungsbereitschaft erwidern, und dass individuelle Freiheit nicht missbraucht, sondern verantwortungsbewusst genutzt und konstruktiv ausgefüllt wird. Götz W. Werner, ein Unternehmer, der als Vorbild für solch eine Grundhaltung gelten kann, hat dazu in einem Interview angemerkt: «Die Hauptfrage, die sich Top-Führungskräfte in großen Unternehmen meines Erachtens jeden Tag stellen sollten, lautet: ‹Wie kann ich Organisation und Führung so persönlich wie möglich gestalten?›» Dazu bedarf es individueller Spielräume in einer offenen Unternehmenskultur, damit sich das Persönliche tatsächlich auch auszudrücken und zu entfalten vermag.

Maximen der Selbstführung im Berufs- und Arbeitsleben (nach Waele et al., 1993):

- Im Aufmerksamkeitsfokus von Berufstätigen befindet sich die eigene Person.

- Berufstätige fühlen sich für ihr physisches, emotionales, mentales und spirituelles Wohlbefinden am Arbeitsplatz selbst verantwortlich.

- Berufstätige nehmen sich als «chairman» ihrer Erwerbskarriere wahr.

- Berufstätige sind überzeugt, dass sie sich ohne eigenes Dazutun weder persönlich entfalten noch beruflich weiterentwickeln können.

- Berufstätige registrieren und respektieren Signale, die sie von ihrer Physis und Psyche empfangen.

- Berufstätige sind auch großen Problemen des Arbeitslebens gegenüber (Arbeitsplatzverlust, beruflicher Umbruch, Sinnkrise) realistisch und proaktiv eingestellt.

- Berufstätige empfinden keine sklavische Bindung an Rollen, die sie in ihrem Arbeitsleben gegenwärtig einnehmen.

- Bei Veränderungen, die Berufstätige in ihrem Verantwortungsbereich bewirken möchten, beginnen sie mit Veränderungen bei sich selbst.

- Sich selbst zu führen bedeutet für Berufstätige nicht nur, von eigenen Zielen geleitet in der Gegenwart zu handeln, sondern auch, mit beruflichen Misserfolgen und Enttäuschungen der Vergangenheit abschließen zu können.

- Berufstätige besitzen ihrer Arbeitstätigkeit gegenüber eine ganzheitliche Sichtweise und sind bestrebt, im Einklang mit ihrem Arbeitsumfeld zu handeln.

- Berufstätige wissen, dass sich ihre eigene berufliche Weiterentwicklung und die Weiterentwicklung von kooperativen Beziehungen im engeren und weiterer Arbeitsumfeld gegenseitig bedingen.

- Indem Berufstätige sich selbst verändern, ermutigen sie Kooperationspartner, sich ebenfalls zu verändern.

- Berufstätige erwarten nicht, dass nur Organisationen, in denen sie arbeiten, für ihr berufliches Vorwärtskommen oder allgemeines Wohlergehen verantwortlich sind.

- Berufstätigen ist bewusst, dass eigene Potenziale und Bedingungen des Arbeitsumfelds Grenzen für eine berufliche Weiterentwicklung setzen können.

- Berufstätige wissen, dass Personen, mit denen sie zusammenarbeiten, ebenfalls lern- und veränderungsbereit sind.

Die Kompetenz, sich selbst führen zu können, ist aufgrund ihrer umfassenden Anwendbarkeit ein weiteres wichtiges Merkmal im fachübergreifenden Qualifikationsprofil berufstätiger Personen. Sie reiht sich ein in die Liste von Kernkompetenzen und Schlüsselqualifikationen, die zur erfolgreichen Bewältigung von Anforderungen des modernen Arbeitslebens erforderlich sind (Braun & Müller, 2007). Auf dieser Liste befinden sich «soft-skills» wie kommunikative Kompetenz, gruppendynamisches Verständnis, Konfliktkompetenz, Teamfähigkeit, komplexes Denken und Handeln oder interkulturelle Kompetenz. Auch Zeit- und Selbstmanagementfertigkeiten gehören dazu, die nunmehr um eine ganze Reihe selbstführungsspezifischer Teilkompetenzen ergänzt werden können. Die Besonderheit kompetenter Selbstführung ergibt sich daraus, dass sie von eigenständigen Zielen und Visionen geleitet wird und damit auch zur wirkungsvolleren Auseinandersetzung mit neuen Aufgaben und nachhaltigeren Veränderung von Denk- und Verhaltensweisen beiträgt.

8 «To do»-Liste für mehr Selbstführung (nicht nur im Berufs- und Arbeitsleben)

Selbstaufmerksamkeit herstellen und schärfen

- Selbstaufmerksamkeit wird genutzt, um die Genauigkeit der Introspektion zu verbessern.
- Selbstaufmerksamkeit wird genutzt, um eigene Gefühle und Motive zu erkunden.
- Anlässe zur Selbstreflexion gehen auf Eigeninitiative zurück.
- Anlässe zur Selbstreflexion stoßen Gedanken an, sich verändern zu wollen.
- Anlässe zur Selbstreflexion werden mit systematischer Selbstbeobachtung verknüpft.

Innere Transparenz erhöhen

- Es befinden sich eigene Stärken im Achtsamkeitsfokus.
- Es werden auch Vorteile eigener Schwächen erkannt.
- Ein Bewusstsein für Gefahren von Selbstüberschätzung und übertriebener Selbstkritik ist vorhanden.
- Zur Entdeckung von Fähigkeitspotenzialen wird auch externe Rückmeldung gesucht.

- Es werden eigene Feedbackquellen generiert, um Zugang zu grundlegenden Bedürfnissen und Motiven zu erhalten.

Physische Leistungsfähigkeit steigern oder erhalten

- Bei der Arbeit werden Gelegenheiten ergriffen, bewusst und konzentriert zu atmen.
- Körperliche Bewegung wird gezielt zum Ausgleich für sitzende Tätigkeiten genutzt.
- Sportliches Training ist eine regelmäßig praktizierte Freizeitaktivität.
- Es werden Entspannungstechniken benutzt, um psychische Belastungen abzubauen.
- Essen und Trinken können auch bei gesundheitsbewusster Ernährung genossen werden.

Willenskräfte aktivieren und fokussieren

- Es findet eine hinreichende Präzisierung von Absichten und Vorsätzen statt.
- Es wird ausreichend viel Willenskraft aufgebaut, um Hindernisse zu überwinden.
- Es wird genügend Sensibilität inneren Widerständen gegenüber aufgebracht.
- Absichten können wirkungsvoll gegen kurzfristige Ablenkungen abgeschirmt werden.
- Handlungswille und Handlungsmotiv stimmen häufig überein.

Gefühle regulieren

- Es wird bewusst auf emotionsauslösende Situationsmerkmale geachtet.
- Auch handlungsbegleitende Gefühle werden registriert.
- Es gelingt, Gefühlsempfindungen konstruktiv einzusetzen.
- Eigenes Ausdrucksverhalten wird gezielt zur Gefühlsregulation benutzt.

- Es gelingt auch in belastenden Situationen, positive Gefühle abzurufen.

Sich selbst motivieren

- Beweggründe des eigenen Verhaltens werden ausgelotet und überprüft.
- Möglichkeiten einer bedürfnisgerechten Arbeits- und Lebensgestaltung werden erkannt und genutzt.
- Handlungen werden an anreizstark formulierten Zielen orientiert.
- Es findet eine regelmäßige Überprüfung von Fortschritten bei der Zielannäherung statt.
- Es wird von Möglichkeiten der Selbstverstärkung Gebrauch gemacht.

Kognitive Prozesse steuern

- Beim Wissenserwerb steht die Aneignung von Handlungswissen im Vordergrund.
- Es wird ein Bewusstsein dafür entwickelt, in Chancen und Möglichkeiten zu denken.
- Es werden konsequent und regelmäßig Techniken mentalen Probehandelns angewandt.
- Bei der Neuordnung von Gedanken werden visuelle Vergegenwärtigungen und Selbstdialoge genutzt.
- Es findet eine elaborierte Ursachenanalyse eigener Erfolge und Misserfolge statt.

Offenes Verhalten und motorische Reaktionen verändern

- Es wird in Rechnung gestellt, dass motorisches Verhalten relativ änderungsresistent ist.
- Vor Verhaltensänderungen findet eine Orientierung an Modellpersonen statt.
- Es ist die Bereitschaft vorhanden, neues Verhalten genügend lang einzuüben.

- Für Verhaltensänderungen werden technische Hilfsmittel und Trainings genutzt.
- Es wird Vorsorge für den möglichen Rückfall in alte Verhaltensgewohnheiten getroffen.

Umfeldbedingungen gestalten

- Es wird Vorsorge dafür getroffen, das bisherige Arbeits- und Lebensumfeld verlassen zu müssen.
- Gestaltungsmöglichkeiten des Arbeits- und Lebensumfelds werden regelmäßig ausgelotet.
- Chancen, die das Arbeits- und Lebensumfelds bieten, werden konsequent genutzt.
- Das eigene Vorbild trägt oft dazu bei, Veränderungen im Arbeits- und Lebensumfeld zu bewirken.
- Andere Personen können überzeugt werden, sich an Umfeldveränderungen zu beteiligen.

Mitarbeiter führen

- Das Verständnis der eigenen Führungsrolle beinhaltet, Macht und Einfluss zu teilen.
- Es wird in hinreichendem Umfang so geführt, dass Mitarbeiter zur Eigeninitiative ermutigt werden.
- Mitarbeiter werden befähigt und motiviert, Probleme in ihrem Tätigkeitsbereich selbst zu lösen.
- Es wird Wert darauf gelegt, wie ein Coach zu führen.
- Mitarbeitern wird ein weitestgehend selbstbestimmtes Handeln ermöglicht.

Organisationsstrukturen lockern und flexibilisieren

- Hierarchieebenen werden abgebaut und Teamstrukturen eingerichtet.
- Zentrale Funktionen werden reduziert und auf ein Minimum beschränkt.
- Operative Einheiten werden mit weitgehenden Entscheidungsbefugnissen ausgestattet.
- Leitbild und Struktur der Organisation unterstützen Eigeninitiative und Selbstverantwortung.
- Interne und externe Benchmarks sorgen für flexible Leistungsanreize.

Innere Grundhaltungen überprüfen und sich immer wieder fragen:

- Gibt es eine hinreichende Anzahl von Projekten mit maßgeblich eigenen Gestaltungsanteilen?
- Befinden sich hierunter auch Projekte, die neue und unbekannte Aufgaben enthalten?
- Halte ich mich mir selbst und Anderen gegenüber mit vorschnellen Bewertungen zurück?
- Bin ich mir meiner Potenziale und Möglichkeiten bewusst, kommt meine Entwicklung voran?
- Teile ich genügend mit Anderen, kenne ich meine Grenzen?

«Wer immer nur das macht, was er immer schon getan hat,
wird immer nur das erreichen, was er
immer schon erreicht hat»

Georg Bernard Shaw zugeschrieben

aus Huber, 1999

9 Weiterführende und zitierte Literatur

9.1
Weiterführende Literatur

Braun, W. & Müller, G. F. (2007). Selbstführung. In: W. Braun (Hrsg.), *Praktiker Checkliste* (Nr. 92). Heiligenhaus: System-Management.

König, C. J. & Kleinmann, M. (2006). Selbstmanagement. In: H. Schuler (Hrsg.), *Lehrbuch der Personalpsychologie* (S. 331-348). Göttingen: Hogrefe.

Markham, S. E. & Markham, I. S. (1995). Self-management and self-leadership re-examined: A levels-of-analysis perspective. *Leadership Quarterly, 6*, 343-359.

Martens, J. U. & Kuhl, J. (2004). *Die Kunst der Selbstmotivierung*. Stuttgart: Kohlhammer.

Müller, G. F. (2003). *Selbstverwirklichung im Arbeitsleben*. Lengerich: Pabst.

Müller, G. F. & Wiese, B. S. (2008). Selbstmanagement und Selbstführung bei der Arbeit. In: U. Kleinbeck & H. Schmidt (Hrsg.), *Enzyklopädie für Psychologie, D, III, Bd. 1 Arbeitspsychologie*. Göttingen: Hogrefe, im Druck.

Neck, C. P. & Manz, C. C. (2007). *Mastering self-leadership*. Upper Saddle River, NJ: Prentice Hall.

Storch, M. & Krause, F. (2005). *Selbstmanagement – ressourcenorientiert*. Bern: Huber Verlag.

9.2
Zusätzlich zitierte Literatur

Andressen, P. & Konradt, U. (2007). Messung von Selbstführung: Psychometrische Überprüfung der deutschsprachigen Version des RSLQ. *Zeitschrift für Personalpsychologie, 6*, 117-128.

Aronson, E., Wilson, T. D. & Akert, R. M. (2007). *Social Psychology*. New York: Longman.

Auhagen, A. E. (2004). *Positive Psychologie. Anleitung zum «besseren» Leben*. Weinheim: Beltz.

Avolio, B. J. & Gardner, W. L. (2005). Authentic leadership development: Getting to the root of positive forms of leadership. *The Leadership Quarterly, 16*, 315-338.

Backhausen, W., Thommen, J.-P. (2003). *Coaching. Durch systemisches Denken zu innovativer Personalentwicklung.* Wiesbaden: Gabler.

Bandura, A. & Locke, E. A. (2003). Negative self-efficacy and goal effects revisited. *Journal of Applied Psychology, 88*, 87-99.

Bandura, A. (1986). *Social foundations of thought and action: A social cognitive theory.* Englewood Cliffs, NJ: Prentice-Hall.

Bandura, A. (1997). *Self-efficacy.* New York: Freeman.

Bekman, A. (1999). *Self-management.* Stuttgart: Urachhaus.

Bekman, A. (2003). Selbsterziehung. In: G. F. Müller (Hrsg.), *Selbstverwirklichung im Arbeitsleben.* (S. 227-252). Lengerich: Pabst.

Bierhoff, H.-W. & Müller, G. F. (2005). Leadership, mood, atmosphere, and cooperative support in project groups. *Journal of Managerial Psychology, 20*, 483-497.

Braun, W. (2005). Coaching zur Erhöhung der strategischen Kompetenz. In: S. Teuber (Hrsg.), *Praxishandbuch Coaching* (S. 285-306*).* München: Vahlen

Braun, W. (2007). Mit vernetztem Denken die Zukunft gestalten. In: J. U. Martens & R. Meindl (Hrsg.), *Wege in die Zukunft Deutschlands. Neue Perspektiven für Wirtschaft und Gesellschaft* (S. 83-100). Stuttgart: Kohlhammer.

Butzmann, B. (2008). Führung durch Selbstführung. *Unveröffentl. Diplomarbeit.* Universität Koblenz-Landau, Campus Landau: Fachbereich 8: Psychologie.

Carver, C. S. (2003). Self-awareness. In: M. R. Leary & J. P. Tangney (Eds.), *Handbook of self and identiy* (pp. 179-196). New York: Guilford Press.

Cialdini, R. B. (2006). *Die Psychologie des Überzeugens.* Bern: Huber Verlag.

Cohen, S. G., Chang, L. & Ledford, G. E. (1997). A hierarchical construct of self-management leadership and its relationship to quality of work life and perceived work group effectiveness. *Personnel Psychology, 50*, 271-308.

Csikszentmihalyi, M. (1992). *Flow.* Stuttgart: Klett-Cotta.

Csikszentmihalyi, M. & Figurski, T. J. (1982). Self-awareness and aversive experience in everyday life. *Journal of Personality, 50*, 15-28.

Damasio, A. R. (2001). *Ich fühle, also bin ich. Die Entschlüsselung des Bewusstseins.* München: List.

Despeghel, M. (2007). *Lebe deinen Life-Code. Mühelos fit und gesund. Das Programm für einen typgerechten Lebensstil.* Frankfurt/M.: Campus.

Dietz, K.-M. & Kracht, T. (2002). *Dialogische Führung.* Frankfurt/M.: Campus.

Dörner, D. (1998). Emotion, kognitive Prozesse und der Gebrauch von Wissen. In: F. Klix, F. & H. Spada (Hrsg.), *Enzyklopädie der Psychologie, C, II, Bd. 6: Wissen* (S. 301-333). Göttingen: Hogrefe.

Dreisbach, G. (2008). Wie Stimmungen unser Denken beeinfluss. *Report Psychologie, 3.*

Drucker, P. F. (1999). Die Kunst, sich selbst zu managen. *Harvard Business manager, 21/5*, 9-19.

Dunning, D. (2005). *Self-insight. Roadblocks and detours on the path to knowing thyself.* New York: Psychology Press.

Dunning, D., Heath, C. & Suls, J. M. (2004). Flawed self-assessment. Implications for health, education and workplace. *Psychologcial Science in the Public Interest, 5.*

Eberspächer, H. (1998). *Ressource Ich. Der ökonomische Umgang mit Stress.* München: Hanser.

Eichhorn, C. (2001). *Souverän durch Self-Coaching.* Göttingen: Vandenhoeck & Ruprecht.

Ellis, A. (1977). *The Basic Clinical Theory of Rational-Emotive Therapy.* New York, NY: Springer.

Eugster, B., Wosnitza, M., Nenniger, P. & Rüegg, A. (2003). Selbstgesteuertes Lernen – Ein erfolgversprechendes Konzept im Feld beruflicher Bildung? In: G. F. Müller (Hrsg.), Selbstverwirklichung im Arbeitsleben (S. 253-278). Lengerich: Pabst.

Feldenkrais, M. (1977). *Awareness through movement.* London: Harper & Row.

Friedmann, D. (2004). *Integrierte Lösungsorientierte Psychologie.* Darmstadt: Wissenschaftliche Buchgesellschaft.

Fröhlich, S. & Kuhl, J. (2003). Das Selbststeuerungsinventar. In: J. Stiensmeiser-Pelster & F. Rheinberg (Hrsg.), *Diagnostik von Motivation und Selbstkonzept – Tests und Trends, Bd. 2* (S. 221-257). Göttingen: Hogrefe

Gallwey, W. T. (2002). *The inner game of work.* New York: Thomson.

Giardina, R. (2002). *Your authentic self.* Hillsboro: Beyond Words Publishing.

Goldinger, K. (2007). Interkulturelle Gemeinsamkeiten und Unterschiede von Selbstführungskompetenz. *Unveröffentl. Diplomarbeit.* Universität Koblenz-Landau, Campus Landau: Fachbereich 8: Psychologie.

Gollwitzer, P. M. (1996). The volitional benefits of planning. In: P. M. Gollwitzer & J. A. Bargh (Eds.), *The psychology of actions* (pp. 287-312). New York: Guilford.

Gratzon, F. (2004). *The Lazy Way To Success.* Bielefeld: Kamphausen.

Greif, S. & Kurtz, H.-J. (1996). *Handbuch Selbstorganisiertes Lernen.* Göttingen: Verlag für Angewandte Psychologie.

Heckhausen, H., Gollwitzer, P. M. & Weinert, F. E. (1987). *Jenseits des Rubikon.* Berlin: Springer.

Hersey, P. & Blanchard, K. H. (1993). *Management of organizational behavior: Utilizing human resources.* Englewood Cliffs, NJ: Prentice Hall.

Higgins, E.T. (1999). Self-discrepancy: A theory relating self and affect. In: R. Baumeister (Ed.), *The self in social psychology* (pp. 150-181). Philadelphia: Psychology Press.

Hossiep, R. & Mühlhaus, O. (2005). *Personalauswahl und –entwicklung mit Persönlichkeitstests.* Göttingen: Hogrefe.

Houghton, J. D. & Neck, C. P. (2002). The revised self-leadership questionnaire. *Journal of Management Psychology, 17,* 672-691.

Houghton, J. D., Bonham, T. W., Neck, C. P. & Singh, K. (2004). The relationship between self-leadership and personality. *Journal of Managerial Psychology, 19,* 427-441.

Huber, O. (1999). *Find yourself! Cartoons für Psychologen.* Bern: Huber Verlag.

Hüther, G. (2001). *Bedienungsanleitung für das menschliche Gehirn.* Göttingen: Vandenhoeck & Ruprecht.

Hüther, G. (2005). *Die Macht der inneren Bilder. Wie Visionen das Gehirn, den Menschen und die Welt verändern.* Göttingen: Vandenhoeck & Ruprecht.

Hunt, J. M. & Weintraub, J. R. (2002). *The coaching manager.* Thousand Oaks: Sage.

Jerusalem, M. & Schwarzer, R. (1986). Selbstwirksamkeit. In: R. Schwarzer (Hrsg.), *Skalen zur Befindlichkeit und Persönlichkeit* (S. 15-28). Berlin: FU Berlin, Institut für Psychologie.

Kanfer, F. H., Reinecker, H. & Schmelzer (2005). *Selbstmanagement-Therapie.* Heidelberg: Springer

Kanning, U. P. (2007). *Wie Sie garantiert nicht erfolgreich werden.* Lengerich: Pabst.

Kehr, H. M. (2002). *Souveränes Selbstmanagement.* Weinheim: Beltz.

Kehr, H. M. (2005). Implicit/explicit motive discrepancies and volitional depletion among managers. *Personality and Social Psychology Bulletin, 30,* 315-327.

Kerr, S. & Mathews, C. S. (1995). Führungstheorien – Theorie der Führungssubstitution. In: A. Kieser, G. Reber & R. Wunderer (Hrsg.), *Handwörterbuch der Führung* (Vol. 2. Aufl.). Stuttgart: Schäffer-Poeschel.

Klein, G. (2003). *Natürliche Entscheidungsprozesse. Über die «Quellen der Macht», die unsere Entscheidungen lenken.* Paderborn: Junfermann.

Klein, O. G. (2003). Selbstcoaching. In: G. F. Müller (Hrsg.), *Selbstverwirklichung im Arbeitsleben* (S. 203-226). Lengerich: Pabst.

König, C. J. & Kleinmann, M. (2006). Selbstmanagement. In H. Schuler (Hrsg.), *Lehrbuch der Personalpsychologie* (S. 331-348). Göttingen: Hogrefe.

Koerber, K. v., Männle, T. & Leitzmann, C. (2004). *Vollwert-Ernährung.* Stuttgart: Haug.

Langens, T. A. (2004). Positive Zielimagination: Gefahren und Alternativen. In: J. Wegge & K.-H. Schmidt (Hrsg.), *Förderung von Arbeitsmotivation und Gesundheit in Organisationen* (S.65-86). Göttingen: Hogrefe.

Locke, E. A. & Latham, G. P. (2002). Building a practically useful theory of goal setting and task motivation: A 35-year odyssey. *American Psychologist, 57,* 705-717.

Mandl, H. & Spada, H. (1988). *Wissenspsychologie.* München: Psychologie Verlags Union.

Manz, C. C. (1986). Self-leadership: Toward an expanded theory of self-influence processes in organizations. *Academy of Management Review, 11,* 585-600.

Manz, C. C. & Neck, C. P. (1999). *Mastering self-leadership.* Upper Saddle River: Prentice-Hall.

Manz, C. C. & Sims, H. P. J. (1990). *Super-leadership: Leading others to lead themselves.* New York: Berkeley.

Manz, C. C. & Sims, H. P. J. (2001). *The new super-leadership.* San Francisco: Berret-Köhler.

Markham, S. E. & Markham, I. S. (1995). Self-management and self-leadership re-examined: A levels-of-analysis perspective. *Leadership Quarterly, 6,* 343-359.

Martens, J. U. & Kuhl, J. (2004). *Die Kunst der Selbstmotivierung.* Stuttgart: Kohlhammer.

Moeller, M. L. (1991). *Gesundheit ist essbar.* Ritterhude: Waldthausen.

Müller, G. F. (1988/1989). Psychogramme des arbeitenden Menschen. *Angewandte Sozialforschung, 15,* 29-33.

Müller, G. F. (2000). Eigenschaftsmerkmale und unternehmerisches Handeln. In: G. F. Müller (Hrsg.), *Existenzgründung und unternehmerisches Handeln – Forschung und Förderung* (S. 105-121). Landau: VeP.

Müller, G. F. (2001). Selbstmanagement, Selbstführung, Selbsterziehung. In: G. F. Müller (Hrsg.), *Lebenslanges Lernen* (S. 293-310). Landau: Knecht.

Müller, G. F. (2003). Selbstführung – Strategien zur Erhöhung innerer Transparenz und äußerer Wirksamkeit für mehr berufliche Selbstverwirklichung. In: G. F. Müller (Hrsg.), *Selbstverwirklichung im Arbeitsleben* (S. 171-202). Lengerich: Pabst.

Müller, G. F. (2004a). Die Kunst, sich selbst zu führen. *Personalführung, 37/11.* 30-43.

Müller, G. F. (2004b). Selbstführungskompetenz: Messung und berufsbezogene Korrelate. In: B. S. Wiese (Ed.), *Individuelle Steuerung beruflicher Entwicklung* (S. 91-104). Frankfurt/M.: Campus.

Müller, G. F. (2005a). Führung durch Selbstführung. *Gruppendynamik und Organisationsberatung, 36,* 325-334.

Müller, G. F. (2005b). Selbstführung – Messung und Analyse von Beziehungen zu unternehmerischen Eignungspotenzialen und Berufsorientierungen. *Wirtschaftspsychologie, 7,* 105-111.

Müller, G. F. (2006a). Dimensions of self-leadership: German replication ans extension. *Psychological Reports, 99,* 357-362.

Müller, G. F. (2006b). Führung durch Selbstführung. *Vortrag*. Universität Koblenz-Landau, Campus Landau: 11. Landauer Arbeitsweltsymposium.

Müller, G. F. (2006c). Faire Entscheidungsverfahren – Vertrauensgrundlage in Organisationen. In K. Goetz (Hrsg.), *Vertrauen in Organisationen* (S. 155-168). Mering: Hampp.

Müller, G. F. (2007a). *Selbstführung* (Begleit- und Selbstinstruktionsmanual). Universität Koblenz-Landau, Campus Landau: Fachbereich 8: Arbeitsbereich Psychologie des Arbeits- und Sozialverhaltens.

Müller, G. F. (2007b). Berufliche Selbstständigkeit. In: K. Moser (Hrsg.), *Wirtschaftspsychologie* (S. 379-398). Heidelberg: Springer.

Müller, G. F. (2008). Selbstführungskompetenz und unternehmerische Eignung. *Forschungsbericht*. Universität Koblenz-Landau, Campus Landau: Fachbereich 8: Arbeitsbereich Psychologie des Arbeits- und Sozialverhaltens.

Müller, G. F. & Bierhoff, H. W. (1998). Unterstützung und Leistung in Projektgruppen. Affektive Prozesse und stimmungsklimatische Einflüsse. In E. Spieß & F. W. Nerdinger (Hrsg.), *Kooperation in Unternehmen* (S. 165-183). München: Hampp.

Müller, G. F. & Bierhoff, H.-W. (2001). Stimmungseinflüsse in Projektgruppen. In: R. Fisch, D. Beck & B. Englich (Hrsg.), *Projektgruppen in Organisationen* (S. 323-336). Göttingen: Hogrefe.

Müller, G. F. & Wiese, B. S. (2008). Selbstmanagement und Selbstführung bei der Arbeit. In: U. Kleinbeck & H. Schmidt (Hrsg.), *Enzyklopädie für Psychologie, D, III, Bd. 1 Arbeitspsychologie*. Göttingen: Hogrefe, im Druck.

Müller, G. F., Garrecht, M., Pikal, E. & Reedwisch, E. (2002). Führungskräfte mit unternehmerischer Verantwortung. *Zeitschrift für Personalpsychologie, 1*, 19-26.

Neck, C. P. & Manz, C. C. (1992). Thought self-leadership: The impact of self-talk and mental imagery on performance. *Journal of Organizational Behavior, 12*, 681-699.

Neck, C. P. & Manz, C. C. (1996). Thought self-leadership: The impact of mental strategies training on employee cognition, behavior, and affect. *Journal of Organizational Behavior, 17*, 445-465.

Neck, C. P. & Manz, C. C. (2007). *Mastering self-leadership*. Upper Saddle River, NJ: Prentice Hall.

Neck, C. P., Mitchell, T. L., Manz, C. C. & Thompson, E. C. (2004). *Fit for Lead*. New York: St. Martin's Press.

Northouse, P. G. (2007). *Leadership: Theory and Practice*. Thousand Oaks: Sage.

Nosek, B. A. (2005). Moderators of the relationship between implicit and explicit attitudes. *Journal of Experimental Psychology General, 134*, 565-584.

Parkinson, B. (2007). Soziale Wahrnehmung und Attribution. In: K. Jonas, W. Stroebe & M. Hewstone (Hrsg.), *Sozialpsychologie* (S. 69-109). Heidelberg: Springer.

Peterson, C. (2006). *A Primer in Positive Psychology*. Oxford: Oxford University Press.

Pfläging, N. (2006). *Führen mit flexiblen Zielen*. Frankfurt/M.: Campus.

Prussia, G. E., Anderson, J. S. & Manz, C. C. (1998). Self-leadership and performance outcomes: The mediating influence of self-efficacy. *Journal of Organizational Behavior, 19*, 523-538.

Pudel, V. (1997). Ernährung. In: R. Schwarzer (Hrsg.), *Gesundheitspsychologie* (S. 151-174). Göttingen: Hogrefe.

Rauch, A. (1998). Unternehmerische Umweltfaktoren, Strategien und Erfolg. In: M. Frese (Hrsg.), *Erfolgreiche Unternehmensgründer* (S. 123-132). Göttingen: Hogrefe.

Rauen, Ch. (2003). *Coaching*. Reihe: Praxis der Personalpsychologie. Göttingen: Hogrefe.

Robbins, A. (1992). *Awaken the giant within.* New York: Simon & Schuster.

Robbins, J. (2003). *Food revolution.* Freiburg: Nietsch-Verlag.

Rosenstiel, L. v., Regnet, E. & Domsch, M. (1999). *Führung von Mitarbeitern, 4. Aufl.* Stuttgart: Schäffer-Poeschel.

Roth, G. (2001). *Fühlen, Denken. Handeln. Wie das Gehirn unser Verhalten steuert.* Frankfurt/M.: Suhrkamp.

Roux, G. (2007). Selbstführung- Überprüfung der Dimensionalität, Reliabilität und Validität einer dritten Version des «Fragebogens zur Erfassung von Selbstführungskompetenz» (FES_3). *Unveröffentl. Diplomarbeit.* Universität Koblenz-Landau, Campus Landau: Fachbereich 8: Psychologie.

Ryan, R. M. & Deci, E. L. (2000). Self-determination theory and the facilitation of intrinsic motivation, social development, and well-being. *American Psychologist, 55,* 68-78.

Ryschka, J. (2007). *Veränderungen in der Firma – und was wird aus mir?* Weinheim: Wiley-VCH.

Sarges. W. & Wottawa, H. (2004). *Handbuch wirtschaftspsychologischer Testverfahren.* Lengerich: Pabst.

Schein, E. H. (1965). *Organizational psychology.* New York: Prentice-Hall.

Scherer, K. (2002). Emotion. In: W. Stroebe, K. Jonas & M. Hewstone (Hrsg.), *Sozialpsychologie* (S. 165-213). Heidelberg: Springer.

Schmidt, K.-H. & Kleinbeck, U. (2006). *Führen mit Zielvereinbarung.* Göttingen: Hogrefe.

Schuler, H. (2004). *Beurteilung und Förderung beruflicher Leistung.* Göttingen: Hogrefe.

Schulz von Thun, F. (1984). Vom Managertraining zur humanistischen Begegnung zweier Wertewelten. *Gruppendynamik, 15,* 39-57.

Schulz von Thun, F. (2004). *Klarkommen mit sich selbst und anderen.* Reinbek: Rowohlt.

Seligman, M. E. P. & Csikszentmihaly, M. (2000). Positive Psychology. *American Psychologist, 55,* 5-14.

Semler, R. (1993). *Das SEMCO System.* München: Heyne.

Senge, M., Kleiner, A., Smith, B. Roberts, C. & Ross, R. (2000). *Das Fieldbook zur fünften Disziplin.* Stuttgart: Klett-Cotta.

Sonntag, K. & Stegmaier, R. (2006). Verhaltensorientierte Verfahren der Personalentwicklung. In: H. Schuler (Hrsg.), *Lehrbuch der Personalpsychologie* (S. 281-304). Göttingen: Hogrefe.

Spangler, W. D. (1992). Validity of questionnaire and TAT measures of need for achievement: Two meta-analyses. *Psychological Bulletin, 112,* 140-154.

Stadler, G., Oettingen, G. & Gollwitzer, P. M. (2005). *Gesundheit beginnt im Kopf: Von der Fantasie zum Ziel zum gesunden Lebensstil* (Bericht einer wissenschaftlichen Studie). Hamburg: DAK.

Storch, M. & Krause, F. (2005). *Selbstmanagement – ressourcenorientiert.* Bern: Huber Verlag.

Storch, M., Cantieni, B., Hüther, G. & Tschacher, W. (2006). *Embodiment. Die Wechselwirkung von Körper und Psyche verstehen und nutzen.* Bern: Huber Verlag.

Strohschneider, S. (2002). Kompetenzdynamik und Kompetenzregulation beim Planen. In: S. Strohschneider & R. v. d. Weth, (Hrsg.), *Ja, mach nur einen Plan* (S.35-51). Bern: Huber.

Vollmer, G. R. (1994). *Verhaltensmanagement im Beruf.* Renningen: Expert.

Waele, M., Morval, J. & Sheitoyan, R. (1993). *Self Management in Organizations.* Toronto: Hogrefe.

Wegge, J. (2003). Selbstmotivierung. In: G. F. Müller (Hrsg.), *Selbstverwirklichung im Arbeitsleben* (S. 23-58). Lengerich: Pabst..

Weick, K. E. (1985). *Der Prozeß des Organisierens.* Frankfurt/M.: Suhrkamp.

Weiner, B. (1994). *Motivationspsychologie.* Weinheim: Beltz.

Weiß, J. (1993). *Selbst-Coaching. Persönliche Power und Kompetenzgewinn.* Paderborn: Junfermann.

Werner, G. W. (2005). *Führung für Mündige.* Karlsruhe: Universitätsverlag.

Westermann, F. (2007). *Entwicklungsquadrat. Theoretische Fundierung und praktische Anwendung.* Göttingen: Hogrefe.

Wörz, T. & Theiner, E. (1999). *Erfolg durch Selbstmanagement in Leistungssport und Berufsleben.* Göttingen: Vandenhoeck & Ruprecht.

Wunderer, R. & Dick, P. (2002) *Personalmanagement – Quo vadis? Analysen und Prognosen zu Entwicklungstrends bis 2010.* Neuwied: Luchterhand.

Sachwortverzeichnis